王朗国家级保护区本土自然教育指导手册

冯睿曦 ◎ 主编

四川大學出版社
SICHUAN UNIVERSITY PRESS

图书在版编目（CIP）数据

王朗国家级保护区本土自然教育指导手册 / 冯睿曦主编. — 成都 : 四川大学出版社, 2023.11
ISBN 978-7-5690-6671-5

Ⅰ. ①王… Ⅱ. ①冯… Ⅲ. ①环境教育—青少年读物 Ⅳ. ① X-4

中国国家版本馆 CIP 数据核字 (2024) 第 011129 号

书　　名：王朗国家级保护区本土自然教育指导手册
　　　　　Wanglang Guojiaji Baohuqu Bentu Ziran Jiaoyu Zhidao Shouce
主　　编：冯睿曦

选题策划：梁　胜　陈　纯
责任编辑：陈　纯
责任校对：王　锋
装帧设计：裴菊红
责任印制：王　炜

出版发行：四川大学出版社有限责任公司
　　　　　地址：成都市一环路南一段 24 号（610065）
　　　　　电话：（028）85408311（发行部）、85400276（总编室）
　　　　　电子邮箱：scupress@vip.163.com
　　　　　网址：https://press.scu.edu.cn
印前制作：四川胜翔数码印务设计有限公司
印刷装订：四川盛图彩色印刷有限公司

成品尺寸：170mm×240mm
印　　张：9
字　　数：137 千字

版　　次：2024 年 1 月 第 1 版
印　　次：2024 年 1 月 第 1 次印刷
定　　价：88.00 元

扫码获取数字资源

四川大学出版社
微信公众号

编委会

森林是充满生机和力量的神秘之所！

森林与我们每一个人紧密相连！

序

王朗，中国最早建立的四个大熊猫自然保护区之一，如今已是中国大熊猫国家公园的重要园区。她虽偏安岷山山脉一隅，却总有惊喜年复一年让我们耳目一新，集成着越老越丰富的生态保护文化成果，培养了不少“土专家”，在四川乃至中国自然保护文化版图上，创造了很多特色“坐标”，也因此成为国内外众多爱好自然、热心公益的业内外人士乐于造访的大熊猫“胜地秘境”，成为同行中的佼佼者。

王朗野生资源富集，有人见人爱的大熊猫和多姿多彩的伴生动植物，更有连片挺拔的参天古杉。值大熊猫国家公园设立一周年之际，由大熊猫国家公园王朗园区管理机构、成都共享自然环境教育中心，以王朗原始森林为重点，以建立青少年与故乡山山水水情感连接为目的，以自然教育理念、专业手法和趣味活动模式合作开发的《王朗国家级保护区本土自然教育指导手册》教案集，不仅为大熊猫国家公园王朗园区自然教育、科普教育定制了教科书式的操作指南，在王朗现有特色亮点上增添了新色彩，丰富了新内容，也为大熊猫国家公园其他园区和四川各类自然保护地提供了示范与借鉴。

自然是最好的老师！自然教育在促进和改善人与自然、人与人、人与社会和谐共生关系方面的积极作用和影响越来越得到社会的认同和关注！愿这本书为人们尤其是青少年认识王朗、体验森林，热爱王朗那山那水那一片热土打开一扇时空之门！愿更多的大熊猫国家公园园区研创出属于自己的“嗨，森林”！

张黎明　2022 年 10 月于宝兴

四川省林业和草原局（大熊猫国家公园四川省管理局）科研教育处处长

四川省林学会自然教育与森林康养专委会主任

前言

森林，在你的眼里是什么样子的？

有的人眼里森林是一抹绿；有的人眼里森林是危险的；有的人眼里森林是热闹的、充满力量的；还有的人眼里森林是肆意取用的资源……不一样的看法，或许源于我们对森林的理解和互动的程度不同。珍·古道尔（Dame Jane Goodall）博士曾说，“唯有了解，才会关心；唯有关心，才会行动；唯有行动，才会有希望”。

美国儿童教育专家罗莎琳德·查尔斯沃思（Rosalind Charlesworth）博士曾经在自己的书中说：“儿童阶段在大自然中所进行的直接体验对发展儿童的概念、技能和态度尤为关键，这些经验将会对儿童今后理解环境问题及其解决问题的能力奠定良好的基础。”

《王朗国家级保护区本土自然教育指导手册》就是一本带青少年深度理解森林的自然教育指导手册。本指导手册的内容以王朗国家级自然保护区（本书后面统一称为王朗保护区）的森林可探索区为载体，将自然体验、自然游戏与科学探究相结合，帮助青少年构建概念和培养科学技能，并引导青少年将森林与自己的日常生活相连接，强化地方责任感，培养生态文明观，最终为青少年参与守护本土森林产生实际有效的影响。

作为一本本土教材，开篇定位王朗保护区与自己家所在位置的关系，我们期望青少年参与者能意识到这片森林与自己的日常生活是紧密相连的。

森林篇章中从认识王朗原始林的建群树种和优势树种开始，逐步了解森林群落的自然更替规律和生态价值，在此基础上探索人对森林的影响；最后在“消失了的栖息地”游戏中，思考我们的哪些行为可能对动物的栖息地产生负面影响，应该如何减少这些影响。

在探索动物篇中，“密林生存技能”游戏将参与者代入动物的角色，初步认识王朗保护区的代表动物，并感受动物的生存技能，激发青少年对本土动物的好奇心，再由引导者带领去追踪动物痕迹。无论是关于动物的游戏，还是野外寻找动物的痕迹，都围绕一个核心主题开展，即每一个物种对生存空间都有特定的需求，并且它们都具备强大的生存策略，去适应环境。最终落脚点是希望青少年思考和理解人类与野生动物如何正确的相处，减少对野生动物生存需求的影响。

同时，探索动物篇中专门有两个课程是关于两栖类——这一很容易被忽略又是环境变化指示物种的动物。一方面蛙类是夜观能见到，又相对在观察的时候不会造成太大影响的物种；另一方面蛙类的生存所面临的威胁鲜为人知，又与我们息息相关，因此有必要作为动物代表，引发参与者的思考。

鸟类篇是基于本项目立项之时，王朗保护区遭遇洪水灾害，暂时截断了进入森林体验的机会，保护区的本土课程转向县城周边的探索，因此鸟类课程应运而生。在现代化进程极快的今天，鸟类是距离我们城市生活最近的，最容易看到，也是最有趣的野生动物。观鸟可以帮助我们更加关注身边的自然环境，作为本土教材，这是一件值得推动的事情。

王朗保护区作为中国较早成立的保护区，见证了中国保护事业的发展，这里的每一位森林保护工作者都是一部“行走的本地百科全书”，对话一线工作人员，将会让参与者受益匪浅，也能对基层保护工作认识更全面。

《王朗国家级保护区本土自然教育指导手册》作为一本森林探索的教学参考书籍，特别强调“动手做”的教学方式。在探究的过程中构建关于森林的知识，也促进了五官和情绪的体验，以及同理心的建立。发现问题和解决问题也是我们强调的重点，大量的调查、小组讨论、游戏等引导参与者发现和思索保护与发展如何做到可持续。为支持到使用本书的人，每一个课程都配备了背景信息，以尽可能保证探索过程中给予参与者专业的、准确的知识支撑。在使用本手册的时候，自然引导者可以根据自己的主题、时间、人群选择组合成一系列的活动。

森林深度体验和互动将青少年的生活经历与生物多样性相连接，在这个过程中培养青少年稳定的地方认同感和参与感，这些有意义的生活体验终将沉淀到参与者的生活中，从而影响他们未来的决策和行动。

目录

森林篇

动物篇

[illegible]篇

森林篇

王朗在哪里？

课程目标

知识方面：

（1）了解王朗保护区的地理位置。

（2）知道王朗保护区及其周边的高山峡谷生态区域对下游起着重要的生态屏障和水源供给的作用。

情感方面：

（1）意识到“自己”和王朗是有关联的。

（2）提升参与者对王朗的关注度和地方认同感。

时长：30 分钟。

适合年龄段：3—9 年级。

场地要求：室内或者室外均可。

适合人数：6 人以上。

材料准备：“我们去王朗”游戏材料，每组一套，包括：游戏图（尺寸建议大约为 90cm × 140 cm）、小圆球，以及小贴纸。

背景信息

王朗国家级自然保护区位于四川省西北部，地处青藏高原东缘，是横断山区的一部分，也是中国大熊猫集中分布区——岷山山系的腹心。高山草地和森林孕育的大窝凼沟、竹根岔沟、长白沟，汇合成夺补河的发源地。夺补河在平武县城以北 10 公里的铁龙堡与涪江汇合。涪江的发源地为冰封的雪宝顶群峰之间。涪江一路南下穿过平武县全境、江油市、绵阳市、三台县、射洪县、遂宁市、重庆市潼南区、铜梁区等区域，最后在重庆合川区汇入嘉陵江，成为嘉陵江右岸最大的支流，养育了 3 万多平方千米土地上的人们。所以看似距离家很远的森林，其实与很多人的日常生

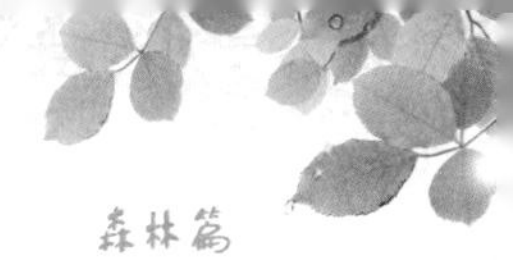

活都有关联，值得大家带着感激之情去关注和关爱王朗及其周边的生态环境。

教学步骤

1. 向参与者提问：王朗及其周边的森林与你有什么联系？可以自由发言。

2. 邀请所有的参与者一起玩“我们去王朗”的游戏。可以由 4 ~ 6 人组成一组，每组一套游戏材料。游戏规则如下。

（1）所有的参与者手持地图，合力把小圆球从绵阳一路运送到王朗保护区，即我们行程的终点。

（2）要求小圆球必须依次经过（压在）地图上红色标注的地点，并停留 5 秒钟。此时所有的参与者大声的喊出该地点的地名。特别要求是小圆球经过江油入山口的时候，所有人都要大声的说：“进山了。”因为涪江从这里冲出大山的束缚，流向平原。

（3）在依次经过蓝色点标注的小地名的时候，至少要求停留 1 秒钟，才能继续向前。

（4）为了让游戏更加激烈，引导者可以记录每一个小组完成一轮游戏所使用的时长。

游戏可以根据现场情况，多玩几轮，这不仅是一个定位自己家位置和王朗关系的游戏，还是一个不错的团队建设游戏。

3. 游戏结束后，将游戏地图挂出，让每个人在地图上找到自己家所在的大概位置，并用小贴纸标示出来。

用贴纸标出自己家的位置

4. 讨论：王朗保护区及其周边的高山森林生态系统与自己有哪些直接和间接的联系？教师可以根据以下提示引导讨论。

（1）提供淡水资源。王朗及其周边森林生态系统是涪江源头，供给流域内的生产生活用水。

（2）净化空气。森林为我们提供了高质量的空气；尤其是住在森林附近的居民能充分感受到这一点。

（3）水土保持。因为有森林水土保持的重要作用，生活在这片区域更加的安全。

（4）森林是减压好去处。

（5）提供解决生计的自然资源。森林能带来生态旅游资源，为居住在森林周边的人们增加经济收入。

5. 总结。我们家乡所在地，因为有雪山森林，成为河流上游，为我们以及下游居民供给了生产生活用水，还滋养了下游大片的平原地区；森林能净化空气，给附近的居民提供良好的环境；森林有水土保持和调节气候的作用，

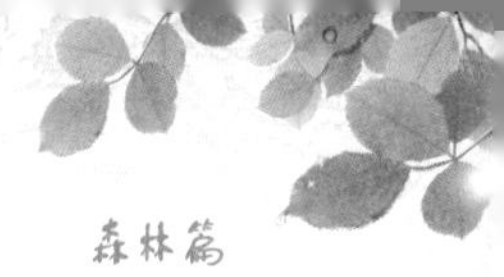

减少滑坡等地质灾害的发生，也降低了下游洪涝灾害的风险；森林的绿色资源，吸引了山外的人来到这里旅游，推动了当地人的经济增长。

教学评估

邀请参与者以“森林与我的关系”为主题，绘制一幅手绘地图＋文字的图，通过图评估学生对该主题的理解程度。

附件 1

“我们去王朗”游戏图。

王朗原始林里的当家大树们

课程目标

知识方面：

（1）分辨王朗原始森林里的两种主要乔木树种。

（2）从了解王朗保护区垂直海拔孕育的不同植被类型中，感受这里丰富的植物资源和多样的景观。

（3）初步了解海拔差异孕育了不同森林群落类型及其生境，这为不同种类的动物提供了适宜的生存环境。

情感方面：

提升学生们对植物辨别的兴趣和关注度。

技能方面：

（1）提升学生们在自然科学中的对比观察技能。

（2）提升学生们表达自己观点的技能。

时长：60 分钟。

适合年龄段：3—9 年级。

场地要求：有建群树种的乔木林间。

适合人数：4 人以上。

材料准备：探索工具包：《森林里的当家大树们》探索卡、毫米尺或游标卡尺、放大镜。拓印树皮的白纸和扁平铅笔。

背景信息：

王朗保护区海拔 2600 ~ 3500 米的区域分布有成片的亚高山暗针叶林，其乔木层优势种主要有岷江冷杉和紫果云杉。有研究数据显示：大窝凼的岷江冷杉年龄大部分在 250 年左右，紫果云杉的年龄 350 ~ 600 年。茫茫的暗绿原始森林所构筑的生态屏障，不仅起到了水源涵养的作用，也为众多的动物提供了生存家园。

王朗保护区也是青藏高原东缘——横断山山区的植被垂直分布的典型代表之一，阳坡海拔从3200米往上，阴坡海拔3400米往上，分布有自然起源的高山灌丛、高山草甸、高山流石滩稀疏植被带、永久冻土带。根据文献记录和访谈，在王朗保护区海拔2700米以下的森林，多为20世纪中期砍伐后形成的次生林和人工林，现为针阔混交林、阔叶林植被类型。

特殊的地形地貌形成了王朗保护区多种多样的植被类型和景观类型，这也是造就了这里物种极其丰富的重要因素之一，成为许多动物生存的庇佑所。

教学步骤

1. 找到优势树种。

（1）给学生们分发《森林里的当家大树们》学生表格，根据线索提示，让学生们在规定的时间和范围内找到表格中的两种树种，并进行对比观察。鼓励学生在探索的时候，积极地用触觉、嗅觉和视觉等多方面的体验；填写表格的时候用绘画和文字描述相结合。

（2）等所有学生完成表格，回到指定集合点，带领大家讨论表格上的内容。除了讨论表格上两种树之间的差别以外，还要注意以下几个方面。

- 鼓励学生发挥想象力，描述自己所看到的树皮纹理状、树形，也充分表达自己不同感官（触觉、视觉）的多层感受。引导者尽可能鼓励学生用更丰富的语言描述树皮，例如：坚硬的、布满沟壑的……
- 岷江冷杉和紫果云杉均为我国的特有物种，主要产于甘肃、四川境内，紫果云杉在青海部分地方有分布。它们都具备耐阴喜冷湿气候的特征，通常一起生长在海拔2700 ~ 3900米的高山地带的河谷区域或者阴坡上。
- 猜一猜这里的大树的年龄。
- 讨论一下这些“当家大树们”起到了什么作用？

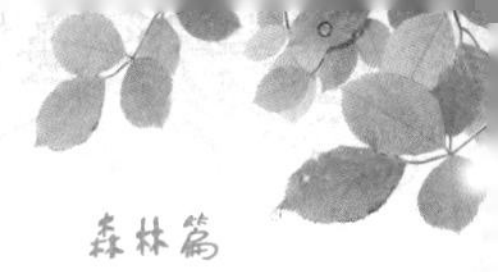

- 帮助学生们理解在一个森林群落的乔木层，通常会有一种或者几种乔木的个体数量明显更多，冠层覆盖的面积也更广，这意味着它们占据了在这里生存的优势资源，例如能够获取更多的阳光和养分，被称为优势种。这些在乔木中的优势种还被称为森林的建群种，它们决定了整片森林的内容结构和特殊的环境条件。

2. 在辨别完两种植物返回途中，可以让孩子们观察周围的地形，海拔高的地方是高山草甸、灌木地带，以及更高的高山流石滩地带。往海拔低的地方，例如在珍宝桥，观察周围的环境。在王朗保护区低于 2700 米海拔的区域为砍伐后森林重新生长起来的次生林，以阔叶林和针阔混交林为主。

3. 总结："当家大树们"决定了森林的不同类型，这就给不同动物创造了各自需求的栖息环境。在王朗保护区，以岷江冷杉、紫果云杉为主的针叶林和针阔混交林是大熊猫适宜的栖息地之一，高山草甸和灌木丛则生活着雉类，如蓝马鸡等，再往高处流石滩就是旱獭等动物生存的区域，川金丝猴群通常生活在阔叶林、针阔混交林里。不同的森林群落给不同的动物提供了适宜的生存空间，让动物们在这里繁衍生息。

教学评估

1. 课程评估以学生们完成探索后能换一个地方辨认出两种树的比例为检测标准，或者以图片的形式测试辨别率。

2. 根据讨论过程，看学生们是否能理解建群树种和优势树种对森林内容结构的影响。

参考资料和扩展阅读

1. 康瑶瑶，李瑞生，高永龙 . 王朗自然保护区岷江冷杉林优势种与主要伴生种的空间格局［J］. 西部林业科学，2015，44（2）：48–53.

2. 申国珍，李俊清，蒋仕伟 . 大熊猫栖息地亚高山针叶林结构和动态特征［J］. 生态学报，2004，24（6）：1294–1299.

附件 1

岷江冷杉的树皮呈条状

紫果云杉的树皮呈鱼鳞状

岷江冷杉的叶片

紫果云杉的叶片（摄影：梁春平）

岷江冷杉的球果（摄影：李策宏）

紫果云杉的球果（摄影：朱大海）

附件 2

《森林里的当家大树们》(教师参考页面)

填表日期：	地点名称：王朗国家级保护区金草坡	海拔：2800 米
	植物一：岷江冷杉	植物二：紫果云杉
树皮 1. 触摸一下树皮，记录一下什么感觉？ 2. 拓印两种树皮纹理 3. 文字描述两种树的树皮纹理	岷江冷杉的树皮呈深灰色，裂成不规则条状块片	树皮深灰色，裂成不规则较薄的鳞状块片
树叶 1. 用手摸一下两种树叶，叶尖扎手吗？叶片形状是菱形还是扁平的？ 2. 叶片脱落后，留下刺了吗？ 3. 描述小叶片排列的方式？两种树小叶片的宽度和长度一致吗？ 4. 叶子背面和腹面颜色有区别吗？	1. 叶尖不扎手，小叶片呈扁平状 2. 叶片脱落后，无叶枕（看细枝上无钉钉） 3. 叶表面光绿色，叶背面灰白色，有两条白色气孔带 4. 叶在枝条下边排成两列，比较密；长条状。叶相较于紫果云杉更长、更宽（参考数值：长度为 1 ~ 2.5 厘米，宽 2.5 毫米）	1. 叶尖如针刺一样扎手，小叶片呈菱形，先端有比较明显的斜方形 2. 叶片脱落后，叶枕宿存（看细枝有钉钉） 3. 小叶呈棱形，表面和背面颜色区分不明显。上两面各有 4 ~ 6 条白粉气孔线，下两面通常没有气孔线 4. 小叶排列呈扁四棱状条形。比岷江冷杉叶短（参考数值：长 0.7 ~ 1.2 厘米，宽 1.5 ~ 1.8 毫米）
球果 1. 从形状、颜色、长度方面，描述一下球果的外形特征 2. 观察一下当球果还没有脱落的时候，是直立朝上，还是下垂的呢？ 3. 找到球果里的种子，它们长什么样？	1. 球果卵状椭圆形或圆柱形，无梗或者近无梗；种鳞呈扇状四边形；长度 3.5 ~ 10 厘米，成熟的时候呈深紫黑色 2. 球果直立朝上 3. 种子有种翅，种翅和种子等长	1. 球果圆柱状卵圆形或椭圆形；种鳞中上部似三角形，边缘波状；长度为 2.5 ~ 4（~ 6）厘米，呈紫黑色或者淡红紫色 2. 球果下垂 3. 种子有种翅

附件 3

《森林里的当家大树们》（学生探索卡）

填表日期：	地点名称：	海拔：
	植物一：岷江冷杉	植物二：紫果云杉
树皮 — 触摸一下树皮，记录一下什么感觉？ — 拓印两种树皮纹理 ◎ 文字描述两种树的树皮纹理		
树叶 — 摸一下两种树叶，叶尖扎手吗？叶片形状是菱形还是扁平的？ ◎ 叶片脱落后，留下刺了吗？ ◎ 叶子背面和腹面颜色有区别吗？ ◎ 描述小叶片排列的方式？两种树小叶片的宽度和长度一致吗？		
球果 ◎ 从形状、颜色、长度方面，描述一下球果的外形特征 ◎ 观察一下当球果还没有脱落的时候，是直立朝上，还是下垂的呢？ ◎ 找到球里的种子，它们长什么样？		

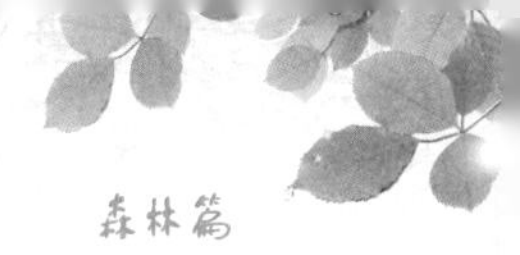

深山里的植物智慧

课程目标

知识方面：

（1）通过探索王朗高海拔森林和草地具有代表性的几种植物，理解植物的适应性，即为适应特殊环境而发展出的特殊生存技能。

（2）能辨识这几种代表植物。

情感方面：

提升参与者对植物的兴趣和关注度。

时长：户外探索建议时长2小时。

适合年龄段：3年级及以上。

场地要求：大草坪、白沙沟等地。

适合人数：4人以上。

材料准备：自然笔记纸和线索卡每人一份。

背景信息

为了应对不同的生存环境，尤其是特殊的环境，各种植物在长期的演化过程中，发展出了特别的外部形态、构造等特征，学者们称之为植物的“生存智慧”，展示了植物顽强的生命力。本活动通过探索这片高山王国中的几种具有代表性的花儿们，让参与者领略植物的魅力。

高海拔地区具有寒冷时间较长、昼夜温差大等环境特征，科学家们发现随着海拔增高而叶片会变小。部分原因可能是因为小叶片的呼吸和蒸腾所消耗的成本更低，就降低了植物的能量消耗；同时，小叶片对营养和水分的需求量也较小。科学研究还发现，高海拔地区，常绿树的叶子寿命通常比低海拔区域的要更长一些。

大多数植物都通过种子传播，但植物界中还有少量的被植物学家们称为“胎生”的植物，它们的种子在没有离开母体的时候就开始生长发育了；有的植物的营养体（如苞芽、珠芽、叶片等）也可以在母体上发芽，等到时机成熟后，落到泥土里再生根发叶，长成新的植株，这种现象植物学家们称为“假胎生”，也叫“营养胎生”。“胎生”现象是植物的一种适应复杂生存环境的繁殖策略，当环境条件恶劣，或者不能发育出有活力的种子的时候，也能顺利的繁衍后代。王朗寒冷的高山里就有“假胎生”植物的代表——珠芽蓼。6—7 月是珠芽蓼的开花季节，白色或者粉红的穗状花序，紧密的小花中下部会同时长出珠芽。

被称为西南高山地区四大花卉——报春花、杜鹃花、龙胆花和绿绒蒿，均能在王朗的深山里觅见它们的身影，这些花儿都尽情展示了大自然的精巧设计。

报春花属一般有两种不同的花型，花儿结构巧妙地避免了自花授粉。在同一株植物上，柱头在花冠筒的喉部的时候，雄蕊则就在花冠筒的中部；反之雄蕊在花冠喉部，柱头就在花冠筒中部。当昆虫访问雄蕊长的花，花粉就会涂在昆虫身上；再去柱头长的花，则就把花粉带到了花柱上，实现了异花传粉。王朗深山的代表报春花有雅江报春、独花报春等。

点地梅是同为报春花科但分属点地梅属的植物。这是一种低矮成片生长的植物。尤其是这个家族中有些住在高海拔地区，如垫状点地梅。开花的时候，垫状点地梅如铺在地上的花毯。植物们选择紧密的排列和贴地的高度来对应高海拔区域的低温、干旱、大风环境，“抱团取暖”的它们能调节小范围内的温度不至于过低，还能增加土壤湿度和养分；降低土壤被侵蚀。垫状植物调节微环境的能力，不仅对自身物种有利，还能帮助其他物种在这样的环境生存下来，保持了高山植物的物种丰富度，被科学家们称为“高山生态系统工程师”。

中国是杜鹃花王国。喜欢集群生活的杜鹃花家族，在不同的海拔不同

的地形以不同的形态出现，这个家族的不同种类分布在海拔1500多米到5000米的范围。它们对环境的耐受性很高，海拔较高的地方为了适应寒冷和少雨的环境，杜鹃往往叶型变小，形成低矮的灌丛，有的甚至匍匐在贫瘠的砾石上。森林间的杜鹃们则大都呈大灌丛，叶型较大。种子多也是杜鹃应对艰难的生存环境的手段之一，林线以上，只要有杜鹃出现，就会成片的开满山头，非常美丽。

藏在深山的龙胆，犹如草地上的蓝色精灵（也有少数其他颜色的），与蓝天白云相互映衬。这些喇叭状的小花生长在高山灌丛下、流石滩上或者草甸上。有的研究人员猜测说海拔越高的地方花的颜色越深，比如龙胆，产生更多的花青素抵御强烈的紫外线侵扰，所以花朵呈现出了蓝色和紫色。不过科研人员还在进一步验证这种假说。

有人称王朗是兰花的王国，这里将近40余种兰花。让达尔文为之发狂的兰科植物，为了让昆虫为其传粉，其花的结构与昆虫完全相互适应。《兰科植物的受精》中描述了兰科家族独特的结构，由柱头上的裂片变成的舌状结构——蕊喙，蕊喙的一部分常常变成黏性的片状、盘状或块状物——黏盘。黏盘上有时还附有一个柄状物——黏盘柄。花药的花粉已黏合成有固定形状的团块——花粉团，花粉团附了柄状物——花粉团柄。花粉团柄与黏盘或者黏盘柄，共同组成了花粉块。当昆虫被吸引停留在唇瓣上，并采蜜或者食用营养物。等到退出时，触及蕊喙使之破裂，黏盘紧贴在昆虫身体上，拉出花粉块。花粉块在不同昆虫身上还会通过各种“运动”调整到最佳位置，等待昆虫进入下一朵花的时候，花粉团正好落在柱头上，完成受精。兰科植物大都长着特化了的唇瓣，特别的形状、鲜艳的颜色、独特的气味等方式，吸引昆虫停在上面，还能准确地找到蜜源。在王朗的深山里，有一片地震留下的滑坡地带，树荫下生活着许多种兰花。

教学步骤

1. 告诉孩子们今天的探索任务是寻找深山里的植物。给每个人分发自然笔记卡和线索卡（见本课附件）。

2. 引导者带领参与者找到卡片上的植物，引导大家根据卡片线索仔细观察这些具有代表性的花儿，并做好自然笔记。由于植物开花时间不一致，可能不同时段所需要的调查线索卡也不一致。

3. 出发前做好安全预告，同时要求参与者不要采摘花朵。对于年龄段偏小的参与者，在出发前可以补充关于花的结构的知识。

4. 引导者可以邀请参与者模仿要探访的植物的生存环境，即把自己想象成那种植物，闭上眼睛，安静地感受这里的环境。可以用语言引导大家，例如：有风吗？阳光烈吗？冷吗？想象一下，如果冬天来了，这里是什么样景象？学生完成模仿后，结合自身的感受，再去讲解植物对环境的适应性。绘制自然笔记的时候，鼓励大家按照线索卡上的内容做好记录。

5. 回到室内，组织大家分享自然笔记的内容。最后带领大家总结线索卡的最后一个问题：今天访问过的花朵，大都生活在海拔较高的山区，它们适应环境的生存策略都有哪些？可以每个小组绘制一张海报图。

参考资料和扩展阅读

1. 艾星梅，陈龙清，李宇航，辛宗洋，谢欢 . 植物营养体胎生研究进展［J］. 热带亚热带植物学报，2020，28（2）：209–216.

2. 何永涛，石培礼，闫巍 . 高山垫状植物的生态系统工程师效应研究进展［J］. 生态学杂志，2010，29（6）：1221–1227.

3. ［英］达尔文 . 兰科植物的受精［M］. 唐进，等译 . 北京：北京大学出版社，2016.

附件 1

<table>
<tr><th colspan="2">寻访深山里的花儿　线索卡</th></tr>
<tr><td>到访原始针叶林
1. 绘制这里不同种类的针叶；也可以直接采集用双面胶粘贴在纸上
2. 记录这里的海拔高度
3. 在这里你的体感温度如何？冷吗？潮湿吗？阳光强烈吗？
4. 想一想：这里以针叶林为主的原因是什么呢？</td><td>探寻珠芽蓼
1. 找花之前想想这种植物的命名可能说明了什么？
2. 观察一下它们生长的环境特征；查询海拔高度；仔细观察珠芽，像什么？
3. 想想发育出珠芽对这个物种有什么优势？</td></tr>
<tr><td>
针叶林（摄影：邹滔）</td><td>
珠芽蓼（摄影：罗成均）</td></tr>
<tr><td>探访报春花
1. 找到了多少种报春花？
2. 观察报春花的雌蕊和雄蕊，是不是每一朵都是雌蕊长，雄蕊短？这样的结构有什么优势？
3. 不同种的报春花还有哪些共同点能帮助你很快认识它们家族中的其他成员？</td><td>探访点地梅
1. 找到一片地点梅，坐在边上，扬起头，闭上眼睛，想象自己是一株地点梅，这里冷吗？阳光烈吗？如果大家都挤在一起坐，这时候里面人是否感觉风不那么大了？把手放在里圈，是不是没有被阳光晒到呢？
2. 讨论一下它们低矮成片生长有什么好处？
3. 猜一猜同一朵点地梅花蕊外圈为什么颜色不一样？</td></tr>
<tr><td>
独花报春（摄影：陈广磊）</td><td>
点地梅（摄影：罗春平）</td></tr>
</table>

<table>
<tr><th colspan="2">寻访深山里的花儿　线索卡</th></tr>
<tr><td>探访杜鹃花
1. 在不同的海拔、不同生境（森林、草甸）寻找杜鹃花，对比它们的植株高度、叶片大小、开花时间
2. 你找到了多少种杜鹃花？
3. 为什么不同生境的杜鹃花有这些不同之处？</td><td>探访龙胆
1. 你找到了多少种龙胆花？都是些什么颜色的？
2. 这样的颜色对适应其生境有什么优势？</td></tr>
<tr><td>
陇蜀杜鹃（摄影：陈广磊）</td><td>
龙胆花（摄影：罗春平）</td></tr>
<tr><td>探访兰科植物
1. 你能找到多少种兰花？
2. 找到它们的唇瓣，各具有什么特点？唇瓣的作用是什么？
3. 每种兰花的形态像什么？
4. 描述一下兰花散发出的味道
5. 它们生活在什么样的环境下？
6. 解剖一朵兰花，仔细观察一下它们的花蕊结构。推导一下昆虫是如何帮助它们授粉的</td><td>
西藏杓兰（摄影：罗春平）</td></tr>
<tr><td colspan="2">思考：今天访问过的花朵，大都生活在海拔较高的山区，它们适应环境的生存策略都有哪些？</td></tr>
</table>

备注：

1. 由于植物的开花季节不一样，所以有些植物不能在寻访当下都能找到盛开的花。

2. 探访各种花的时候，尽可能不要采摘，减少人为对它们的伤害。

3. 特殊情况下需要解剖花观察内部结构的时候，不能采摘保护种，并且一个组就一份样本即可。

种子与森林

课程目标

知识方面：

（1）能将“种子通过不同媒介传播”这一知识点运用到真实环境中。

（2）能理解不同植物的种子的存活对环境有不同的要求。

（3）知道先锋物种的概念。

（4）初步感知森林动态更替的概念。

情感和态度方面：

（1）体验森林动态更替的自然力量，加深参与者对自然的敬畏之情。

（2）多次与森林深度接触，建立参与者与森林之间深度的情感连接。

技能方面：

提升学生自然科学的技能——观察、比较、测量、表达、推论、预测。

时长：2 小时（不含外出调查路途时间）。

适合年龄段：4 年级以上。

场地要求：

（1）适合奔跑的安全户外场地。

（2）调查部分可以在森林中人为干扰后的次生林进行。

适合人数：6 人以上。

材料准备：

（1）《种子的命运》贴贴卡，见本课附件；制作卡片需考虑粘贴稳定，减少耗材，我们建议将卡片塑封，并使用魔术贴。

（2）测量样方需要的软尺，一组一个，长度不低于 30 米，以及软绳 90 ~ 120 米。

（3）讨论环节所需要的白纸或者白板，以及笔。

背景信息

种子的扩散是植物繁衍生息，森林群落更新的重要方式。一颗种子成熟后就会离开母体，它们都会生根发芽吗？美国两位研究人员提出的“种子命运的一般模式”中讲述了种子成熟后的命运。其中种子到达地面后，有的种子会立即萌芽或保持非休眠状态，或进入休眠状态，等待适宜的环境条件后萌芽。有的种子可能会再次受到外力的影响（风力、动物传播等）二次移动，在过程中，有的种子会逐渐衰老而丧失生理活性，以至于不再萌芽。也有可能被动物取食或者被病菌侵扰而不能萌芽；也有的种子因为与其他兄弟姐妹竞争有利环境条件失败而不能萌芽……最后只有部分种子能萌芽成功并最终成长。在森林演替中，不同的种子登陆到同一区域的时间不一样，对生长环境条件的要求不一样，最后存活下来的几率也不一样。部分先登陆的植物成为先锋物种；逐渐形成合适的条件后，先锋物种可能会被其他物种所取代，在经历几个阶段的更替后，这一区域最终会形成以某些主要树种组成的更稳定的群落结构，被称为森林的顶级群落，森林的自然更替就趋于稳定。例如王朗保护区牧羊场管理站背后的现有次生林，20 世纪 60 年代的照片显示还是草坡，后来先锋树种皂柳登陆此地，最近 10 来年有一些耐阴树种——云杉幼苗定居其中。目前这里处于王朗植被演替的第二阶段的森林。

被严重干扰后（如大量采伐或者山火等自然现象）的森林，如果没有持续的人为干扰的状态下，在漫长的恢复过程中就适用于这种规律。当然自然状态下的森林本身也处于一个动态发展的过程。

教学步骤

1. 在学校的科学课程中，学生们会了解到各类种子的传播途径，包括依靠风力传播、动物媒介传播、水力传播、自身力量传播。本课程是学校自然科学课程的延续和应用。将所有学生集合在一起，讨论种子成熟离开母体植

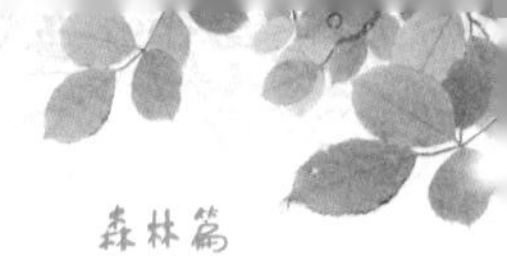

物后，它们将会面临哪些命运？

2. 结束讨论后，邀请大家都扮演王朗森林里的植物种子。给每个人分发一张“贴贴卡”（见附件 1）。如果使用魔术贴的话，提前在每个人的背部贴上魔术贴的其中一面。

“种子与森林”活动现场

游戏规则是：“种子”们开始在规定的范围内做水平运动，每颗种子（每个人）都将在规定的范围内走动，一方面寻找另外一颗“种子”，给它贴上卡片，另一方面要躲避其他“种子”，避免被贴。一旦被贴上贴贴卡，而且也贴完了自己手里的卡片，就回到老师身边。直到最后所有人都被贴上卡片，游戏结束。

3. 取下背后的贴贴卡，看看自己的命运如何。带大家一起讨论：

（1）有哪些种子更大几率获得生根发芽的机会？理由是什么？

（2）哪些种子很难萌芽？或者再也没有机会萌芽了？理由是什么？

在讨论的同时，教师可以用白板或白纸分别列出“可能萌芽的条件”和“很难萌芽的情况”以及“完全不萌芽的情况”，记录下参与者的讨论内容。

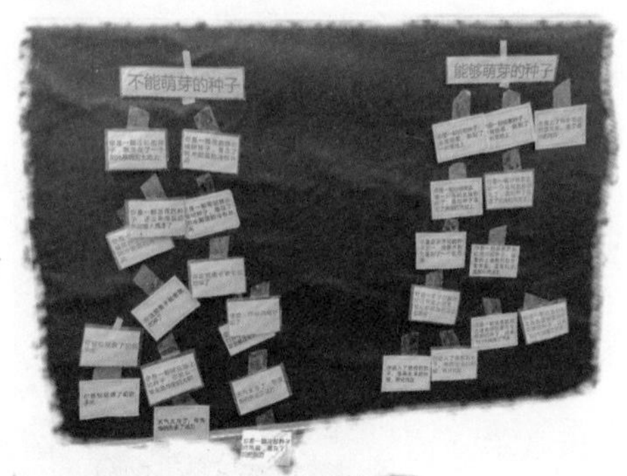

王朗自然教育活动中的讨论和总结

以下建议是给教师用于引导时候的提问。

（1）沙棘种子能适应贫瘠的山地阳坡生长；一些鸟类，如喜鹊、乌鸦、斑鸠等鸟类在取食的时候直接吞下沙棘果实，或者带到栖息场所再啄食。科学研究发现，通过鸟类的消化道能明显提高种子的发芽率。带到栖息地再吃的种子可能中途会落下，也是种子扩散的一种方式。

（2）皂柳、高山柳这类树种，种子轻巧，能随风传播到更远的地方，尤其是一些荒山地带，喜光耐贫瘠土壤。

（3）对于一些非休眠性种子，有些种类的松鼠（如赤腹松鼠）会咬掉胚芽，再储存种子，种子就失去了发芽的机会。

（4）槭树种子喜阳，在阴暗潮湿的冷杉林中可能没有机会发芽就失去活力。

（5）冷杉的种子喜欢在阴冷潮湿的地方生存，可能在母树周围能发芽，但也不得不面临着与其他种子竞争资源。

4. 次生林样地调查。带学生到一片自然次生林，根据附件 2《次生林的种子植物们》学生表格的提示，探索次生林，并思考表格中的问题。在做调查的时候，建议划定一个 30m × 30m 的大样方，再将学生们分成 3 个小组，每组完成 10m × 30m 的样方，最后将三个组数据汇总。鼓励学生用自然笔记的方式记录植物，如绘制树的种子、叶子或者树的形态。

王朗自然教育活动中同学们做的自然笔记

5. 学生们完成数据收集后，大家进行总结分享。建议可以从以下几个方面进行。

（1）将几个小组的数据进行归类综合。看看这片树林中优势树种是什么？这类树的种子有什么传播优势？

（2）这片林子过去几十年经历过哪些变化？

（3）在这片林子里，是否找到了云杉或者冷杉的幼苗？试想随着时间的推移，这片林子可能还会发生什么变化？

6. 提升和扩展部分，教师可以给年龄较大的参与者介绍目前大熊猫栖息地生态恢复的经验得失。

7. 总结部分。不同的种子传播方式不同，对环境的生存要求也不同，在它们的相互作用下，带来了森林的新老更替，让森林自我调节，最终形成稳定的结构，这是自然规律的力量。如果人类要参与到自然活动中，应该遵循科学规律。

教学评估

1. 嵌入性评估：关于学生是否增长了科学研究技能，教师观察学生执行任务过程中是否能顺利完成观察、数据收集和合并环节，并统计好数据。

2. 向学生提问：在了解种子的扩散带来的森林自然更替现象后，是否感受到了森林强大的生命力？

参考资料和扩展阅读

李宏俊，张知彬．动物与植物种子更新的关系Ⅰ．对象、方法和意义［J］．生物多样性，2000，08（4）405–412.

附件 1

种子的命运　贴贴卡		
被搬进蚂蚁洞穴的种子，这里的土壤有机物含量丰富、温度和湿度都非常适合	你被松鼠做了切胚手术	你是一颗冷杉的种子，飘落在了一个阳光暴晒的土地上
你是一颗柳絮种子，非常轻柔，飘到了一片草地上	进入了黑熊的肚子。等再出来的时候，养分充足	野猪一家子在翻地，你正好落入泥土，被松软温暖的泥土包裹住了
你是一颗带翅膀的槭树种子，落在了阴冷潮湿的冷杉林间	你搭上了黑熊毛发顺风车，去了很远的地方	你这颗种子被老鼠吃掉了
糟糕，被病菌感染了	天气太冷了，你慢慢的失去了活力	你是一颗沙棘果实，被一只乌鸦直接吞吃了，最后种子落在了贫瘠的荒坡上
你是一颗被喜鹊取走准备带到更高处吃掉的忍冬种子，结果飞行中掉落了下来	你是一颗冷杉种子，成熟后，落在了妈妈的脚边	你是众多兰花的种子之一，随着水的力量到了一个乱石滩

附件 2

次生林的种子植物们					
日期			调查地点名字		
海拔高度		经、纬度		样方大小	
样方中有哪些主要的树种？数量分别是多少？ （画一画，写一写，帮助自己认识这些树种）					
访问：这片林地在 20 ~ 30 年前是什么样子？					
思考：林地恢复过程中，哪些植物先出现在这里？未来还可能发生什么变化？					

森林的天窗

课程目标

知识方面：

能描述王朗保护区原始森林通过林窗效应发生的自然更替的动态规律。

情感和态度方面：

（1）体验森林自然更新的强大生命力，增强对自然的敬畏之情。

（2）感官体验，加深学生与森林之间的情感连接。

技能方面：

提升学生自然科学的技能——观察、比较、测量、表达、推论、预测。

时长：根据建议场地的条件，完成森林调查大约为 1.5 小时。讨论部分根据深度进行时间调整。

适合年龄段：4—8 年级。

场地要求：本课程建议在拥有原始林的林间小径开展。

适合人数：6 人以上。

材料准备

1. 蒙眼布每人一条。
2. 《森林的天窗探索卡》，每人一份。
3. 绘制自然笔记材料，每人一份。
4. 绘图用的大白纸。

背景信息

生态学家们提出森林群落中由于老龄树死亡，或者其他因素导致林冠层树木死亡或折断而形成的林冠空隙，被称为“林窗”。林窗改变了小生境的生存条件，形成林窗干扰效应，例如光照条件、土壤温度、土壤含水量、土壤表面植被覆盖情况等都会发生变化。以土壤表面覆盖情况变化为例，在王朗的原始针叶林中，阴暗潮湿，适合地面苔藓植物的生长，从而长成厚厚的苔藓层，种子落下后，苔藓层阻止种子到达土壤表面，减少了其萌发的可能性。当出现林窗后，微环境变化了，之前落下的种子就能生根发芽。在研究论文《大熊猫栖息地亚高山针叶林结构和动态特征》中，科研人员提到：糙皮桦树由于种子轻容易传播更远，数量大，而且不耐荫的特点，往往会抢占阳光更充足的空间繁衍，在面积较大的林窗下首先发育；方枝柏、槭树也属于喜光植物。还有一些原来休眠在这里的种子，如紫果云杉等，由于小生境突然改变，也会因为林窗的出现再次萌芽。随着时间的推移，喜光植物形成了新的环境，一些需要冷湿环境下生长的树木如岷江冷杉又会长起来，森林自然更新就此发生，森林就是这样一直都处在一个动态的变化中。

教学步骤

1. 带领学生走进林间，在具有林窗斑块之前，选择一处林间树冠郁闭度较高的地段作为起点，让学生们扮演一条蒙着眼睛的毛毛虫，行走在森林里。活动方式为以下几种。

“蒙眼毛毛虫”游戏示例

（1）让所有的孩子站成竖列，老师可以作为毛毛虫的眼睛，孩子们都是毛毛虫的身体组成部分。每

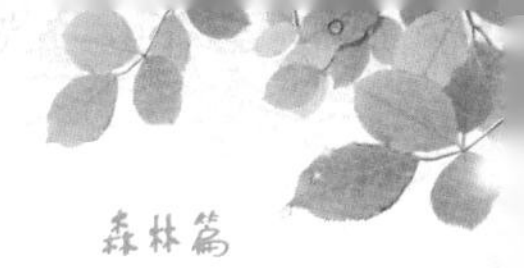

一个参与者都将双手搭在前一个同学的肩膀上。

（2）用眼罩蒙上每个参与者的眼睛。并跟随毛毛虫“眼睛”一起往前走，行走过程中毛毛虫的身体不能断裂，大家要调整步伐一起前进。整个过程不能取下眼罩，直到老师明确发出取下眼罩的口令。

（3）教师在带领活动的时候，可以充分调动参与者除视觉以外的其他感官去感受森林。建议可以在出发前，让毛毛虫们安静下来，抬头感受一下光线和周围的环境；嗅一嗅有什么味道；听一听能听到什么声音。

（4）在行进的路上，遇到特别的景致也让孩子们停下来感受，甚至可以在老师的辅助下，探索周围的环境，例如：去拥抱一下路边的大树；嗅一下遇到的花丛；听一下流水的声音。

蒙着眼去感受大自然

（5）当毛毛虫们行至林窗斑块环境里，就到达终点了。在取下眼罩前，再次让学生们通过除视觉以外的感官，感受一下周围的环境，问问大家：是否感受到阳光了？描述一下与出发前有什么不一样的感觉。

（6）取下眼罩，观察周围的环境，跟出发前以及一路上的体验，感觉有什么不一样？

本环节内容，建议教师计划更长一些的时间，让学生有机会使用到除了视觉以外的感官，享受森林带来的愉悦和美。

2. 根据参与者上一个环节的分享，带领参与者打开附件 1《森林的天窗探索卡》进行探索活动。我们不建议让参与者独立探索，更建议引导者带着参与者逐个问题进行体验和讨论。最后，留一些时间，鼓励参与者用自然笔记的方式绘制林窗及周围的环境，例如：画出林窗区域，绘制优势树种的叶片或者花朵，并可以标注上已知的种名。

3. 完成探索后带学生讨论。

（1）这片林窗里现阶段主要生活的树种有什么特点？这一部分可以结合前一个活动“种子的命运”讨论，并提到林窗内、外由于光照等情况变化带来的微环境改变，为不同种类的种子在这里生根发芽提供生存条件。

（2）通过调查和体验林窗的形成，讨论林窗对森林会产生哪些影响？这里主要让参与者理解森林通过自身的环境改变，让更多不同种类的树在这里生根发芽，形成多样的环境，不同的环境又给了动物更多的选择性，森林实现了更高的物种多样性。让学生们理解森林群落是可以实现自我更新换代的。

4. 对于年龄较大的参与者，还可以进行森林的前世—今生—未来的讨论。根据现场，复原林窗形成之前的景象；现阶段林窗的景象；结合“种子的命运”活动，随着时间的推移，喜阳植物长大，形成的环境正好适合岷江冷杉这样的种子生根发芽，等到冷杉长大，又成为这里的当家大树，森林又恢复成“前世”的样子。森林随时都在发生这样的动态演化过程。大自然在无人为强烈干扰的情况下，是可以依靠自身强大的力量自我更新的，这就是自然的生命力。

这部分讨论结束后，鼓励学生用绘画的方式展示森林的前世—今生—未来。

教学评估

1. 嵌入式评估，通过课程中的第 3 步骤的讨论，看参与者是否能叙述清

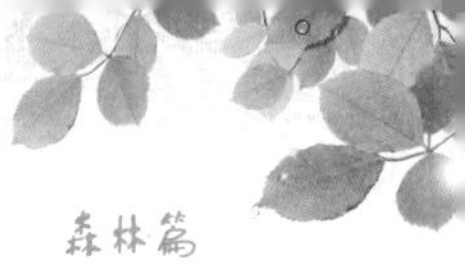

楚“林窗”效应在森林演替或更新过程中的发生机制。

2. 嵌入式评估，通过观察参与者对林窗的调查，评估参与者是否在调查技能方面有所提升。

3. 向参与者提问：在了解林窗效应后，是否感受到了森林强大的生命力?

参考资料和扩展阅读

李冰，樊金拴，车小强 . 我国天然云冷杉针阔混交林结构特征、更新特点及经营管理［J］. 世界林业研究，2012，25（3）.

附件 1

学生探索卡

森林的天窗探索卡

我数了森林天窗的
“窗框”有根

我调查到了森林天窗外面的
大树主要是哪些树？
年龄大约____岁，森林天窗
内树种有哪些？
年龄分别是：

用手触摸了森林天窗
外的地面和林窗内的
地面，我发现了不同
之处，包括：

我发现这里形成天窗的
原因是：

倒下的森林"巨人"

课程目标

知识方面：

（1）能说出枯立木和倒木是什么。

（2）能描述森林里倒木和枯立木在生态系统中的关键作用。

情感和态度方面：

（1）感受森林跟随自然法则自我运转的强大力量。

（2）提升自然调查的兴趣。

技能方面：

提升自然科学的基础技能：观察和数据收集、分享能力。

时长：2小时户外探索时间，总结部分根据深度自行安排时间。

适合年龄段：3—10年级。

场地要求：本课场地建议在能看到倒木和枯立木的原始林开展。

适合人数：2人以上。

材料准备：

（1）工具包：放大镜1个、卷尺1个、牙医用牙钩、调查表1张、垫板1张、记录笔盒、彩色铅笔1盒。可准备一人或者一小组一份。

（2）大白纸，用于总结讨论环节。

背景信息

森林里一些大树因为自然死亡，或者由于自然干扰（大风、雷电、山火、虫蛀等）造成了某些树木死亡后，它们有的会倒下，被称为倒木；也有的树木死亡后并未倒下，被称为枯立木。尽管它们已经死去了，但依然是森林中非常重要的一部分，维持着生态系统的健康发展，也是测评生物多样性的重要指标。

研究人员发现站立的枯树还能让周围其他活着的树木更加生机勃勃，因为枯立木能吸引更多的虫类筑巢，减少了虫对其他树木的攻击；而且枯立木不会和其他树木争抢养分和阳光。

研究表明如果在一定范围内枯立木或者倒木数量不足的话，甚至可能会减少该地区的野生动植物的数量。树木死亡后，会有一个缓慢的腐烂过程，这也给哺乳类、爬行动物、两栖动物提供了极好的生存空间，有些森林研究数据表明：在某些森林里，至少有1/3的动物用某种方式使用着这些树木。例如：一些鸟类在枯立木上直接建筑自己的家，如啄木鸟；也有一些鸟类利用别人筑好的巢穴生活。当然死亡的树木也为森林里众多吃虫鸟提供了便捷的觅食场所。死去的树还是苔藓、地衣、真菌的生长环境，这也为森林里好多动物提供了“美味餐厅”。对于树干很粗的大树成为空心的枯立木后，大熊猫、黑熊、蝙蝠、松鼠等也可以在这里筑巢。倒在水上的树木为鱼类和两栖类动物提供了躲避空间。

当枯木的养分再次循环到森林土壤中，这些养分又给新的植物提供了生存支持。

因此，死去的大树依然在大自然中发挥着不可替代的作用，不能随意被清除掉，而是让森林按照自然法则运作。

教学步骤

1.将参与者带到主要调查区域，首先请每个人在画定的范围内，找到一棵死去的树，作为自己主要的调查对象。并问问参与者是如何判断这棵树已经死去了？通常情况下，参与者很容易找到倒下的死亡的树木，这类树被称为“倒木”。有的树木虽然死去了，但不一定倒下了，这种树被称为“枯立木”。

2.引导者根据附件《倒下的森林“巨人”线索卡》引导参与者进行活动，

建议最好每组都有一名引导者带领，可以帮助参与者更深度地调查。问题引导时，可以使用以下信息。

（1）出发前提醒参与者在观察枯立木的时候，首先围着树转一圈，因为角度不同，可能能看到树上的洞。如果能尽可能保持安静，说不定可以遇到洞中的鸟或者松鼠。出发前特别强调自行调查过程中的安全注意事项。

（2）侦探一棵树死亡的时间，可以从树上寻找线索，树上是否已经长了许多苔藓类植物？从木质部颜色变化情况？木质腐朽严重程度？可以判断出

王朗的枯立木

真菌入侵的程度，观察倒木周边环境还可以获得更多的信息。

（3）要全部认识倒木或者朽木上有哪些植物和真菌类，可能对很多引导者来说都是难点，那么就鼓励参与者从外形大致区分就行，例如，记录有多少种植物、多少种地衣……去发现这些生物的奇妙之出，描写它们的特征，并可以自己给生物命名。

（4）牙医钩可以用来剖开腐朽的木质。放大镜则可以帮助大家看得更清楚。

倒木“餐厅”

（5）探索过程中鼓励参与者用自然笔记的方式记录。

3. 结束户外探索后，将所有人组织到一起，分享自己所记录的信息。并思考这些倒木和枯立木在树林中有什么作用？应不应该被清除掉？

4. 总结。“种子的命运”“森林的天窗”和“倒下的森林‘巨人’”三个活动是一个有机组合体，建议引导者在安排课程的时候，将三个课程组合成一个大主题。三个活动结束后，进行整体总结。总结方式建议如下。

（1）图文式总结。将学生分成三个组，每个组总结一个小主题（主题1种子的命运，主题2倒下的森林“巨人”，主题3森林的天窗）的核心内容，每个组分别展示自己讨论的结果。最后，所有组一起讨论这三个主题之间的关系，他们如何推动森林进行群落演替，维持森林的动态平衡。

（2）话剧表演也不失是一个很好的总结方式。引导参与者将三个活动的内容融合到一个关于“森林的前世—今生—未来”的舞台剧本中，由参与者共同表演森林的动态平衡过程。

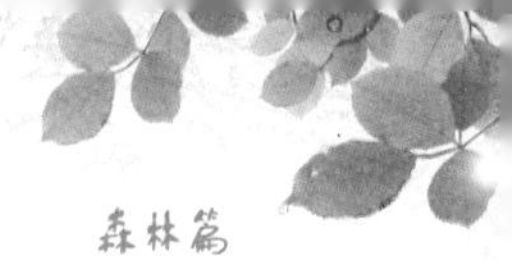

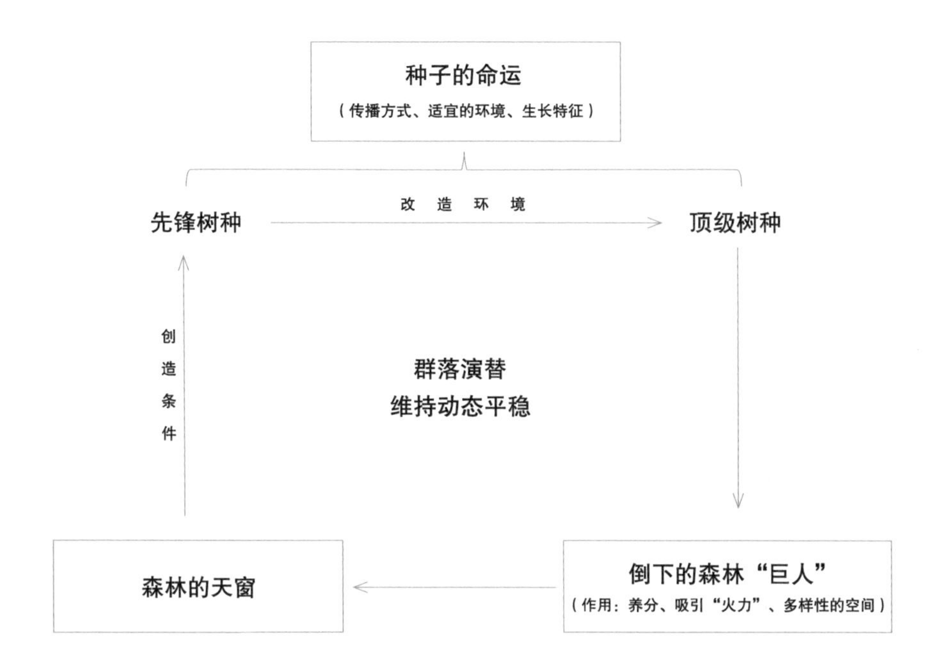

教学评估

本课程主要评估学生是否意识到倒木和枯立木的重要作用，可通过叙述法问问学生的理解程度。

附件 1

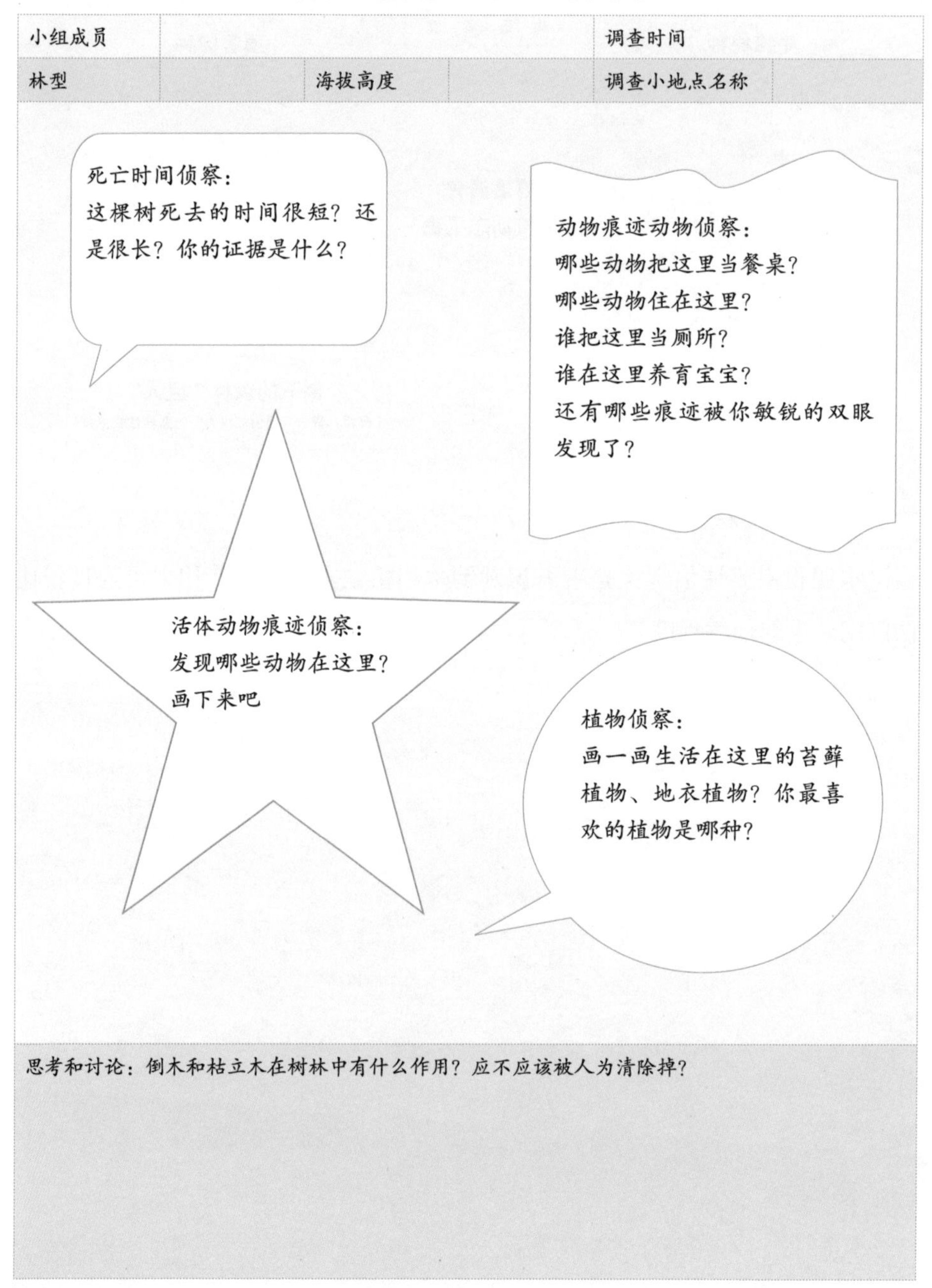

《倒下的森林“巨人”线索卡》

小组成员				调查时间	
林型		海拔高度		调查小地点名称	

死亡时间侦察：
这棵树死去的时间很短？还是很长？你的证据是什么？

动物痕迹动物侦察：
哪些动物把这里当餐桌？
哪些动物住在这里？
谁把这里当厕所？
谁在这里养育宝宝？
还有哪些痕迹被你敏锐的双眼发现了？

活体动物痕迹侦察：
发现哪些动物在这里？
画下来吧

植物侦察：
画一画生活在这里的苔藓植物、地衣植物？你最喜欢的植物是哪种？

思考和讨论：倒木和枯立木在树林中有什么作用？应不应该被人为清除掉？

不一样的森林家园

课程目标

知识方面：

（1）能说出森林的垂直结构分层情况。

（2）能描述王朗保护区中现存的人工林、次生林和天然原始林的相同和不同之处。

（3）知道砍伐和旅游等人为干扰对动物使用栖息地会带来的影响。

技能方面：

（1）培养辩证的看待环境问题的能力，并初步具备可持续发展的思考方式。

（2）意识到充分的科学研究能指导人类谨慎、正确地参与生态环境干预。

（3）提升学生科学研究的基本技能。

行动方面：

愿意做一名负责任的生态旅游者，不随意进入未规划的森林区域。

时长：每一个样地留出大约1小时的户外探索时间；讨论部分根据不同年龄进行不同深度的讨论，时间随之调整。

适合年龄段：6—9年级。

场地要求：样地1纯人工林、样地2天然次生林、样地3原始林。由于涉及野生动物活动痕迹，必须控制人数。同时在样地选择的时候尽可能减少对野生动物的影响，例如边缘地带，并控制活动时间。

适合人数：4人以上。

材料准备：

（1）探索工具包：探索卡1张、软卷尺（至少30m）、等边三角形（可自制）。

（2）提前查阅文献，关于三个调查样地动物分布的数据。

背景信息

如很多其他地方一样，由于历史上的砍伐，造成了王朗保护区现存不同的森林生境。一种为20世纪60年代和20世纪80年代，在砍伐区域人工种植的纯云杉林；也存有同一时期被砍伐后，自然恢复的次生林；同时，高海拔区域还有成熟的原始林。遭受过较为严重的人为影响的生境后，尽管在经历了几十年的恢复过程，依然影响着动物对森林的使用。如《人工林作为大熊猫栖息地适应性研究》文中，就样地的比较得出：人工林与次生林和原始林相比，乔木层物种单一，除栽种树种外，林下有极少量的先锋乔木树种，如皂柳等；人工林灌木种类较多，但数目较少；人工林林下资源自然更新竹类资源极少、生物量较低、更新能力较差等多重原因，因此未出现大熊猫活动痕迹。自20世纪60年代砍伐后生长起来的自然次生林，有大熊猫的活动痕迹。《王朗自然保护区地栖脊椎动物群落结构和生境类型的关系》一文从地栖动物种群恢复方面进行研究，结论指出：森林砍伐结束50多年后，次生林（包括人工林和自然次生林）的动物物种组成上依然与原始林有较大的差异。

为了让森林群落恢复产生更大的生态价值，现在的保护区管理者们越来越重视科学研究的指导，以推动森林生态系统可持续的发展，因此管理者和科研工作者们紧密地结合在一起，谨慎地参与森林恢复再建过程。对于即将成长起来的年轻一代，也应该具备这样的思维方式。

现代森林旅游越来越受到公众的欢迎，大量的人群走进森林会影响野生动物的生存环境。《王朗自然保护区地栖脊椎动物群落结构和生境类型的关系》中提到受到干扰的原始林，在物种群落上和经历了50年恢复期的次生林情况类似，也就是说随意进入非旅游规划区域，都会对野生动植物的生存造成干扰。因此年轻一代人有必要知道作为一名负责任的旅游者，不随意进入未规划的森林区域。

教学步骤

1. 在出发前，教会参与者测量工具的使用。

（1）首先是测量大树的高度。对于学生，我们推荐借助自然中的工具和数学知识估算，如：等边三角形、身体影子、直尺（或者直的棍子）。这里介绍用等边三角形测量法。

- 把三角形举到自己的眼前。三角形的一条短边横放，一条短边竖放。如图所示。

等边三角形的测量法（绘图：杨利）

- 眼睛通过长边看向三角形的顶点，开始往后退，直到树的顶端和三角形的顶端重合。测量一下人站立的位置和树根的距离，再加上测量人的身高，就是树的大概高度。

- 三角形测量是利用了三角形的正切值原理。对于已经具备这一知识的参与者，可以问问他们为什么。

- 如果有专业的测量设备，也可以最后检验一下参与者的测量数据。

（2）然后介绍树的胸径测量方法。

• 在离地 1.3 米的高度，用软尺测算出树干周长。圆的直径 = 周长 ÷ 圆周率的方法测算出胸径。这种方法主要适用于乔木。如果有专业的测量仪也可以最后检测参与者的测量数据。

2. 学习了测量方法后，老师带着参与者一起浏览整个表格内容，解释大家不清楚的地方，并请每个小组在出发前制定好小组分工。

3. 将大家带到每一个样地，根据《三种不一样的森林家园统计表》的线索开始测量工作。

王朗自然教育活动现场

4. 调查结束后，将学生带回教室。将数据按照《三种不一样的森林家园统计表》展开数据汇总和讨论。在开始之前，问问学生是否知道森林的垂直结构分为哪几层？建议每个组都分享自己的数据。特别提醒《三种不一样的森林家园统计表》最后两个问题留在步骤 6 的讨论环节完成。

5. 向保护区工作人员询问过去的调查数据，内容包括：人工林、自然次生林和原始林中调查到的动物分布数据，以及影响因子（含砍伐和旅游两方面）。

6. 讨论《三种不一样的森林家园统计表》最后两个问题。

王朗自然教育活动现场

（1）这 3 个样地中哪一个更适合野生动物生存？原因是什么？

（2）造成这 3 个不同生境环境的历史原因是什么？特别提醒教师在引导这部分的时候，激发学生思考对于历史存在的问题不应该只持批评的态度，而应该吸取过去的错误，指导未来的生活。同时，对于人工林的看法也应该一分为二，看到国家在规划林地的时候，会有一部分林地作为经济林木，种植单一、速生树种，以提升经济效益；但在保持生物多样性区域，则更加注意如何发挥森林更大的生态作用。人类在参与自然的过程，应该越来越谨慎，遵循科学指导，制定可持续发展计划。

（3）作为普通公众，你认为哪些行为能减少对野生动物栖息地的影响？

7. 总结部分，建议教师在本部分结束后能加深学生理解作为一名普通公众，愿意成为一名负责任的旅游者以减少自己和周围的人对野生动物栖息地产生的负面影响。同时作为一名未来社会的主人，在干预生态系统过程中持谨慎、科学的态度，以保证生态环境可持续发展。

教学评估

1. 本课程评估重点为参与者:（1）是否愿意成为一名负责任的旅游者，不去规划地范围之外的地方游玩。（2）是否意识到人类在进行生态干预的时候，应该基于充分的科学研究。

2. 评估方法可采用叙事评估法，采访学生在课程中的收获和感受。

附件 1

学生探索表

三种不一样的森林家园（统计表）			
记录日期		天气状况	
记录人			
	样地 1（人工林）	样地 2（自然次生林）	样地 3（原始林）
样地地名			
海拔高度			
样地分类名称——按植被类型分类（如落叶阔叶林），或者优势树种分类（如岷江冷杉林）			
划定一个 20m×20m 样方，观察比较样方中： 1. 优势乔木有多少种？每种数量是多少？ 2. 有多少种灌木；每种数量是多少？ 3. 地面草本覆盖多吗？	乔木层 灌木层 草本层（浓密　较密　较稀松）	乔木层 灌木层 草本层(浓密　较密　较稀松）	乔木层 灌木层 草本层(浓密　较密　较稀松）
这里的优势树种平均年龄是多少？			
选择几棵优势树种测量平均胸径			
选择几棵优势树种，测量树的高度，并计算出平均高度			
能找到多少种哺乳动物的痕迹或者实体？			

备注：在计算树木数量的时候，参考布朗—布兰克（Braun-Blanquet）植被估算表（出现频率）

5= 覆盖到整个抽样调查区 75% ~ 100%　4= 覆盖到整个抽样调查区 50% ~ 75%　3= 覆盖到整个抽样调查区 25% ~ 50%

2= 覆盖到整个抽样调查区 5% ~ 25%　1< 覆盖到整个抽样调查区 5%，但数量众多

附件 2

三种不一样的森林家园（统计表）		
样地 1、2、3 共同拥有的特征是什么		
样地 1（人工林） VS 样地 2（次生林） 相同点和不同点		
样地 1（人工林） VS 样地 3（天然林） 相同和不同点		
样地 2（次生林） VS 样地 3（天然林） 相同和不同点		

思考：这 3 个样地中哪一个更适合野生动物生存？原因是什么？	讨论：作为普通公众哪些行为能减少对野生动物栖息地的影响？

森林里的秘密“树联网”

课程目标

知识方面：

（1）意识到真菌无处不有，与每一个人的生活都紧密联系。

（2）初步了解真菌在森林生态系统循环中所起到的作用。

情感和态度方面：

增强对真菌生物的关注。

技能方面：

具备可持续发展理念，学会思考如何做到可持续的开发利用大型真菌类。

时长：除户外寻找蘑菇部分，建议时长2小时；户外活动根据实际情况安排。

适合年龄段：3—9年级。

场地要求：室内或者室外均可。

适合人数：8人以上。

材料准备：

（1）讲故事卡片一套。

（2）做自然笔记的材料每人一套。

（3）彩虹游戏布一张。

（4）1、2种植物的果实，如苹果、梨子和一棵香菇。

背景信息

真菌是一个非常大的生物类群，也广泛存在于各个地方，它们和植物、动物一起，三足鼎立地撑起了真核生物大家族，同样在生态系统中发挥着重要的作用。真菌生物依靠吸收和分解其他生物的活体、死体或者排泄物的有机物而生存。事实上，真菌和植物、动物相互作用，形成一个非常复杂的机制，共同维护着生态系统的平衡。

如果森林里没有真菌和细菌，就会堆满了各种尸体。植物们通过光合作用，把营养物质储存在体内。当枝桠、树叶掉落，或者植物死亡后，有降解能力的真菌类生物让一些难以被再次利用的元素，变成结构简单的营养物质，重新回到大自然的循环中，供其他生物使用，实现了让物质和能量循环的过程。这一过程也同时清洁了森林。

真菌的菌丝在土壤里形成的庞大网络，被称为“树联网”。研究人员发现，大树树根根端为某些真菌提供了营养物质，供它们生存，并在土壤里蔓延，形成连接在树根与树根之间的菌丝网络，这个网络帮助树木之间传递光合作用的产物。特别有趣的是，这种传递发生在同一种类的树上，例如：母树传递给小树；也能出现在不同树种之间，像是人类共享资源一样。不仅如此，这些与根共生的真菌类，还通过自己庞大的系统收集土壤中的各种氮、磷等营养元素，以及水分，传递给树根，这能极大增强植物吸收水分和土壤里的营养物质能力。

真菌类是一个庞大的家族，多数真菌都很小，小到很容易忽略掉它们的存在，不过大型真菌则是我们非常熟悉的，例如蘑菇、木耳、灵芝等，就是这个大家庭中大型个体了，它们中部分种类是人类喜爱的美食，更重要的是它们是森林里好些动物的食物来源，某些鸟类、某些小型哺乳类动物、一些节肢类动物就要取食它们。

不同的真菌发挥着不同的作用，它们在维持森林生态系统的平衡中起到了不可被替代的作用。本课程仅带参与者了解真菌类生物几个较为浅显的作用，事实上，真菌类与其他动植物的相互作用很复杂，也远不止这些，甚至有很多作用，人类还不知晓。

教学步骤

1. 关于真菌，我们从“蘑菇降落伞”的游戏开启吧。拿出彩虹游戏布，让所有人抓住布的边缘，围成一个圆圈，并让大家把布高高举过头顶。所有人转 360 度，背对圆心，但这时候不要松手。引导者可以问一些答案为“是”或者“否”的问题，如果参与者的答案为“是”则撒开手往外跑，如果答案为“否”，则原地不动。这些问题可以做成一张卡片。

（1）蘑菇是植物。（否）

（2）蘑菇是苔藓类。（否）

（3）如果没有真菌帮忙，就没有牛奶可以喝了。（是，奶牛胃里的类真菌微生物，帮助消化草，没有它们的帮助就没有牛奶喝）

（4）蘑菇是真菌类生物。（是）

（5）真菌全部是致病源。（否）

（6）真菌的主要身体部位非常微小，以至于不容易看到。（是）

（7）所有的真菌都能导致人类生病。（否）

（8）这一周内吃过的面包是真菌帮忙制作出来的。（是，面包制作需要酵母菌）

（9）发霉的面包，可以用作医疗。（是。如果你见过，你可能看到了青霉素家族）

（10）你的爸爸喜欢喝的啤酒是真菌帮忙生产的。（是，某些酵母菌帮助人们酿酒）

2. 带着大家总结游戏，看看无处不在的真菌是什么？和我们的日常生活有什么关系？

3. 真菌属于微生物类，通常只能通过显微镜才能看到，但各种蘑菇、银耳等就属于大型真菌，但你知道蘑菇是真菌的哪部分吗？

我们熟悉的木耳就是一种真菌

4. 所有的人围成一个圆圈，我们将开启一场关于森林的秘密地下组织的故事会。每一个人都将会参与到讲故事中。

5. 每个人都去抽取一张故事线索卡片，相同颜色卡片的参与者可以坐在一起，因为每一种颜色的故事卡片，阐释了一个真菌在森林中发挥的生态服务功能。故事组织方法如下。

（1）每个人抽一张卡片，卡片抽到后自己默默地阅读，不与其他人交流卡片内容；如果游戏人数不够，则根据具体情况分配卡片数量。

（2）等到所有人都阅读卡片后，故事由引导者开始第一句话：“在王朗的森林里……”引导者根据自己的风格补充完整一句话，例如，“在王朗的森林里，有一个秘密的地下组织，它们无处不在”。然后邀请参与者把故事接下去。接故事的人最多能说 5 句话，并一定要包含自己卡片上的内容。

（3）任何一种颜色的卡片都可以成为第 1 个接故事的人，但第 2 个接故事的人则应该是相同颜色卡片的人，直到这种颜色卡片的人全部讲完，才轮到下一组颜色的卡片的人。例如：第二个接故事的人是白色卡片组的 1 号接故事，则所有持白色卡片的人都要依次接完故事，再由灰色卡片的人继续讲故事。

（4）讲故事的人不必直接念出卡片内容，但要考虑自己的故事跟前面一个人的故事有连接性，尽可能让故事内容更加丰满、有趣，总之讲故事的目的是为了让大家在愉悦的场景中，解读真菌在森林里的作用。

（5）直到所有人都参与了讲故事，引导者来完成故事的结尾，让故事完整。

（6）最后，鼓励大家一起给故事取一个名字。

6. 故事环节结束后，与大家讨论，从故事中，我们发现了真菌在森林中发挥着哪些作用。真菌参与生态循环的过程非常复杂，人类对它们的认识也只是冰山一角，这里只选择了几种生态服务功能作为讨论主题。

（1）为动物提供食物。

（2）在土壤中形成网络，达到水和营养元素的交换和共享。

（3）作为分解者，清洁森林。

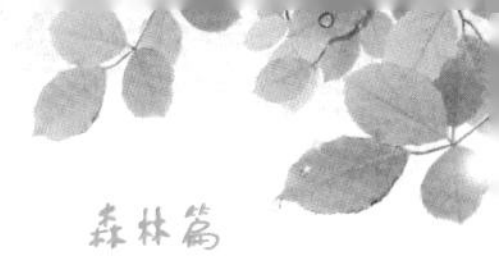

（4）赏心悦目。

7. 引导者不应该忽略一个非常重要的讨论，即：基于真菌参与维持森林生态系统的平衡起到了不可替代的作用，那作为普通公众，我们可以如何尽可能减少对生态平衡的影响？这里建议引导参与者意识到以下几个方面。

（1）可持续的采集蘑菇，例如，采集的时候，尽量不伤害地下的菌丝；采集后要回填土壤。

（2）不建议个人随意采集蘑菇、木耳等，因为不恰当的采集方法会破坏菌丝，例如，松茸通常适合木质采集棒，而不能直接用手或者铁棒挖，因为松茸菌丝对温度很敏感，会被“烫伤”或者“冻伤”。

（3）土壤是真菌的主体部分生存之地，尽可能不要随意去破坏它们，比如乱挖，改变菌丝的生存空间。

（4）参与者还可以讨论：城市绿地的枯枝落叶或者死去的植物，应该被清理走，还是留在原地？

8. 完成讨论后，带参与者走进森林，寻找大型真菌。绘制自己的蘑菇自然笔记。出发前要讲好安全规则。

地下菌丝与树根（绘图：杨利）

密环菌“餐厅”

（1）在寻找蘑菇之前，可以教大家认识蘑菇的结构。

（2）问问大家是否知道蘑菇一般生长在哪里？倒下的树干上、草丛里、落叶下……

（3）做自然笔记的时候，请大家同时画出该种蘑菇生长的地方，例如：有的蘑菇生长在倒下的树干上，则画出蘑菇和树干；有的蘑菇长在活着的树干上，也同样画出树干。

（4）对了，在寻找蘑菇的过程，请大家一定不要尝试去尝蘑菇，因为不确定是否有毒，也尽量不要采集。

（5）如果参与者不知道如何开始自己的寻找，可以建议大家绘制一张七彩蘑菇图，即彩虹的每一种颜色，对应一种蘑菇。还可以鼓励大家去发现不同形状的蘑菇。

（6）有的蘑菇会发出气味，鼓励大家去嗅一嗅，但尽量别碰到蘑菇。

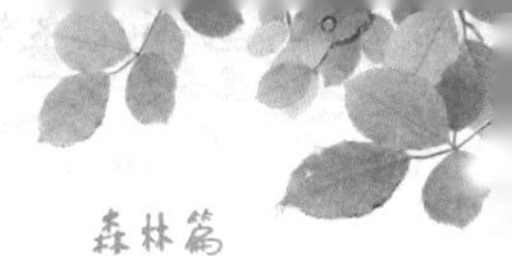

（7）活动结束后，请提醒参与者尽快洗手，接触真菌，都应该注意这一步。

9. 完成自己的蘑菇自然笔记后，为大家开一个蘑菇画展吧。

教学评估

本课采用嵌入式评估，通过观察讨论环节，对参与者的回答做出评价。

参考资料和扩展阅读

1. 连宾，侯卫国. 真菌在陆生生态系统碳循环中的作用［J］. 第四纪研究，2011，31（3）：491–497.

2. 赵之伟. 菌根真菌在陆地生态系统中的作用［J］. 生物多样性，1999，07（3）：240–244.

附件 1

植物光合作用的营养物质通过树干输送给真菌 （1号）	真菌的菌丝能在土壤里扩散，与周围的树根交错形成巨大的网络——树联网 （2号）
真菌把一棵植物上获得的营养物质，通过网络传输给其他植物 （3号）	生活在大树下的小树，正好通过“树联网”获得大树光合作用产生的养分 （4号）
真菌收集土壤里的养分和矿物质元素，共享给其网络中的大树 （5号）	
蘑菇是某些真菌的“果实”（即孢子体），它们能释放孢子，繁育后代 （1号）	一些鸟类、小型哺乳动物、昆虫等，都要吃蘑菇 （2号）
人类也是某些蘑菇的忠实粉丝 （3号）	长在树上的菌，不都叫灵芝，倒像树吐舌头了 （4号）
兰花植物的种子依靠某种特定的真菌养活。真菌表示养一群兰花也是不错的选择 （5号）	
有分解能力的真菌，成为各种死去动物、植物、排泄物等的强力粉碎机 （1号）	被真菌等微生物粉碎成小块（腐烂）的残渣给一些土壤小动物提供食物，例如：蚯蚓、蜈蚣、千足虫…… （2号）
小动物们消化后排出来的物质，又成为某些真菌和其他微生物的食物，再次被分解，形成容易再被大树吸收的营养物质 （3号）	真菌和细菌、土壤、小动物共同组成的地下军团一起合作，又将储存在动物和植物体内的营养物，归还给了大地 （4号）
这就是自然的生命循环法则 （5号）	

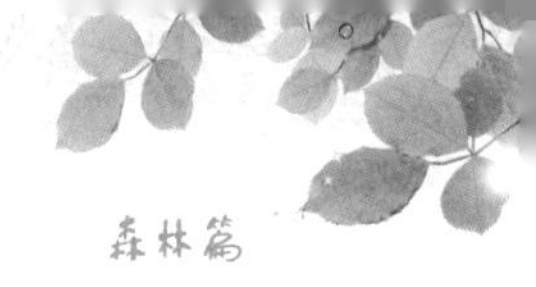

生存的空间

课程目标

知识方面：

（1）能描述动物生存所需的四个必要条件——食物、水、藏身处和生存空间。

（2）能理解在自然规律下动物和生存环境之间保持连续的动态变化。

（3）知道哪些人类不合适的行为会对野生动物栖息地造成负面影响。

（4）（大龄段参与者）能叙述环境元素的变化如何影响动物生存的。

情感和态度方面：

提升对野生动物生存的关注度和关爱程度。

技能方面：

（1）（大龄段参与者）提升对环境问题推理和现象分析的能力。

（2）提升解决环境问题的能力。

行动方面：

（1）愿意成为一名对森林友好的旅游者，参与到减少人为对野生动物环境干扰的行动中。

（2）愿意成为森林旅游友好行为的宣传员。

时长：1 小时。

适合年龄段：3—9 年级。

场地要求：适合奔跑的室内或者室外空间均可。

适合人数：12 人以上。

材料准备：

（1）准备一个白板（或者白纸）和记号笔，用于绘制坐标图。

（2）白板或者大白纸，用于圆桌讨论环节，记录下讨论关键点。

背景信息

所有动物生存所必须的四个元素包括：食物、水、藏身地、生存空间。藏身地是指某个特定物种所需要的保证安全的场所，例如一棵树或者洞穴。生存空间指包含阳光、温度、空气等外部条件，还包括足够的生存领域，例如：大熊猫需要 5 ~ 13km^2 的原始针叶林和针阔混交林（或者部分恢复较好的自然次生林）里寻找竹子和配偶；豹需要 100km^2 范围；雅鲁藏布大峡谷国家级自然保护区的金猫通常活动在海拔 1000 ~ 3000 米的森林，其家域面积为 20 ~ 50 km^2；两栖动物的陆地核心生境半径 300m 左右。

一个合适的生存空间里，动物的数量和环境元素之间不是一层不变的，而是一直处于一个动态变化过程的。动物的繁殖和种群的扩大会受到环境元素的制约，同样环境元素也会受到动物的数量影响。环境元素会因为自然灾害发生改变，也受到人为因素的影响，如：因为公路和建筑物，可能会将动物生活空间隔离；大量的噪声干扰会影响野生动物的生活；家养动物对野生动物生存空间和食物的抢占。人为因素对栖息地产生的干扰过大，就会影响野生动物生存，以至于破坏原有的自然动态变化过程。

教学步骤

1. 在活动区域划定两条直线，距离间隔 4 米左右。将参与者分成 2 组，一组扮演羚牛，一组扮演栖息地元素。羚牛和栖息地元素的比例可以按照 2:5 的比例。两组参与者相向站在两条线后面。

2. 给参与者解释：羚牛和我们所有动物一样，生存必须条件包括：需要有充足的食物、干净的水和一个藏身休息之处（隐蔽空间）。栖息地元素组的同学将会扮演这三个必要条件。大家都要记住三个手势：扮演食物的同学将双手放在肚子处；扮演水的同学将双手放在嘴上；扮演隐蔽空间的同学将双手举过头顶做“雨篷”状。同样扮演羚牛组的同学根据自己的所需，做出相同的手势。

“生存的空间”游戏活动现场

3. 活动将会进行 8 ~ 15 轮，每一轮代表一年。第一轮开始，请两组的同学相背而站，羚牛组的同学想好这一轮自己需要水、食物和隐蔽空间中的哪一样，每个同学只能选择一样。栖息地元素也只能选择其中一个元素扮演。当老师数到 3 的时候，请所有同学转过来，栖息地元素不动，羚牛组的同学去对面组找到其中一个和自己手势一样的元素，并把他带回自己的队伍中。如果没有找到与自己相同的元素，则意味着这只羚牛第一年“死亡”了，回归到大自然中，即：这个羚牛去了栖息地元素组。根据两边现有的人数进行第二轮活动，重复 8 轮。

4.（5 年级及以上大龄段参与者）到第 8 轮或者更后面的一轮，当羚牛和栖息地元素数量差不多的时候，教师可以悄悄控制栖息地元素，例如：本轮不能出现隐蔽空间元素。下一轮不能出现食物。以此类推，再进行几轮，看看羚牛数量变化。

5. 教师提前绘制好一张坐标图，横轴代表年，竖轴代表羚牛数量和栖息地元素的数量。并用不同颜色的记号笔标记出每一年羚牛和栖息地元素的数量，最后绘制出 2 条数量曲线。

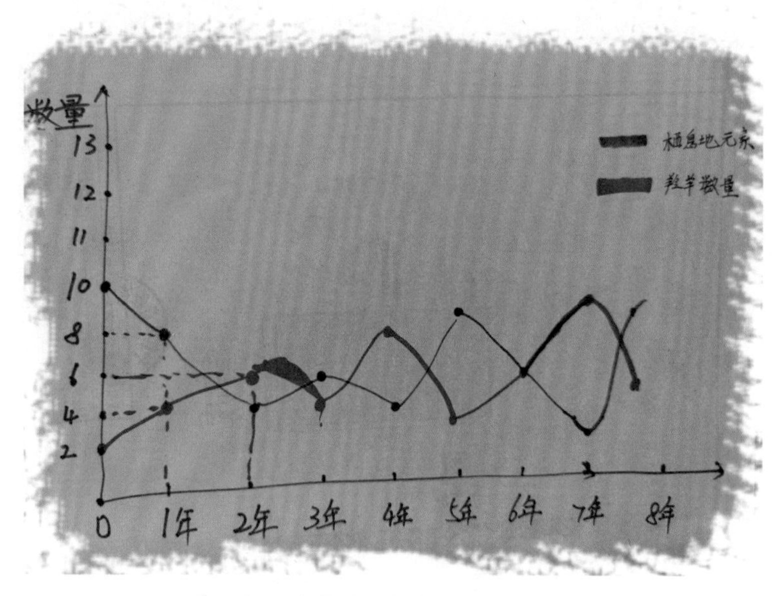

“生存的空间”游戏中画的曲线图

6. 游戏结束后，邀请大家围坐在圆桌边讨论。

（1）羚牛的数量和栖息地元素的数量变化在 8 年前（第 8 轮前）呈现什么趋势？

（2）第 8 轮前，羚牛和栖息地元素变化的规律是什么？

（3）第 8 轮以后什么元素发生了变化？哪些因素会导致这些元素的变化？

在这一步引导学生讨论栖息地元素所面临的挑战或者潜在威胁。建议有以下几个方面。

- 开展森林旅游的时候，过度的噪声会干扰活动空间。如：森林音乐晚会对夜行动物的干扰。
- 很多游客随意进入未规划区域，干扰到野生动物的藏身处，可能导致野生动物放弃已有栖息地，进而减少了栖息地范围。
- 在森林里游玩的时候随意丢弃和过度使用食品包装袋、纸巾、一次性

饭盒、一次性雨衣等塑料制品。塑料制品可能带来的危害：会造成野生动物误食生病，甚至死亡；大量堆积垃圾也可能影响植物生长；某些塑料释放的增塑剂和添加剂还会污染水源等。

7. 基于以上的现状和原因分析，讨论如何改变这些现状？在讨论过程引导参与者能将解决办法具体化，并且是可行性的办法。

8. 扩展部分对于大龄段参与者，结合“成为森林旅游友好使者”活动，让更多的公众成为“森林友好行为”的积极参与者。

教学评估

评估方式：问卷评估。这里的问卷也可直接作为学生记录表使用，在活动结束后，请学生填写。见附件 1。

附件 1：学生记录表

<table>
<tr><td colspan="2">1. 动物生存所必须的四个要素是什么？</td></tr>
<tr><td colspan="2">2. 动物和生存空间之间的关系是什么？</td></tr>
<tr><td>森林野生动物生存面临哪些威胁？</td><td>你有哪些解决办法改变现状？</td></tr>
</table>

动物篇

密林生存技能

课程目标

知识方面：

（1）理解每一种动物为适应生存环境所具备的形态和行为的适应性。

（2）能说出本活动中代表动物所具备的生存技能。

情感和态度方面：

（1）提升对野生动物的敬畏之情。

（2）与野生动物建立更密切的情感联系。

技能方面：

增强同理心。

时长：60 分钟。

适合年龄段：2 年级以上。

场地要求：具备隐蔽条件，并且安全的室外环境。

适合人数：12 人以上。

材料准备：

（1）眼罩每人一个。

（2）生活在这里的本土野生动物图片（照片或者 PPT）。

（3）用于讨论的纸和笔。

背景信息

动物为了生存必须具备适应环境的能力，比如寻找食物、躲避同类或者天敌。一些动物的体貌特征与环境极为相似，例如：树栖的小熊猫腹部为黑色，这让处在森林下部的动物很难发现藏在树上的它们。竹节虫可以看上去像竹的枝条。也有的动物能通过身体特征的变化来适应环境，例如：变色龙也是通过变化体肤颜色来融入环境。很多生活在森林里的动物都具备敏锐的听觉和嗅觉，例如：亚洲黑熊就能嗅到很远地方的蜂蜜的

味道，并通过嗅觉判断出蜂蜜的质量，还能嗅到藏在地下1米深的昆虫气味。通常群体性活动的羚牛，在吃草的时候就会有成员站在较高的地方承担警戒工作；金丝猴群也有哨兵。听觉敏锐的小麂的活动区域一般在草丛里，微小的声音都可能惊动它们，然后快速躲避；和小麂一样，毛冠鹿的听力也很不错，也采用快速躲避的方式；斑羚所具备的绝技是擅长悬崖峭壁上行走；红腹锦鸡雌性的羽色与环境很接近，以躲避天敌的注意。野猪家族会在一头成年雌性母猪的带领下共同觅食、休息，它们尽管视力不太好，但听力和嗅觉却相当优秀，能嗅到11公里以外的气味。

自然界中捕食者和被捕食者之间是共同进化的，被捕食者需要有所改变，才能更好地躲避捕食者；而捕食者为了能获得食物，也会发展出相对应的策略。例如黄喉貂就擅长团队捕猎；作为顶级捕食者的猫科动物们无论听觉还是触觉都相当出色，悄无声息地移动也是它们的本领之一。王朗保护区的猫科代表动物有豹猫、金猫；具备超强视力的空中捕猎者的代表金雕能看到3千米以外的猎物。

动物们的生理技能和行为方面都高度适应自己生活的环境。这个活动将参与者自己与动物之间的相似之处连接起来，展示了非人类动物的特别之处，期望能提升参与者对非人类动物的敬畏之情。

教学步骤

1. 将所有参与者集中，告诉大家现在要进行一场具有挑战性的捕食者与被捕食者的博弈活动。

（1）选出其中一人作为第一轮的捕食者，要求捕食者在活动开始后只能原地转动，或者一只脚移动，另外一只脚固定在原地。捕食者用蒙眼布蒙上眼睛，以很慢的速度从1数到20。

（2）剩余同学扮演“猎物”，“猎物”此时要赶紧藏起来。藏匿的地方要求必须保持能看到“捕食者”身体的某一部位。

（3）数完数以后，“捕食者”摘下眼罩，开始寻找“猎物”。“捕食者”可以转身、蹲下或者踮脚，但不能走动，或者改变自己的立足点位置。“捕食者”尽量去发现他的“猎物”，每发现一个就要大声的说出“猎物”的名字，而且还要说出这个“猎物”在哪里。如果不知道名字，也可以说出“猎物”身上的某一明确的特征，例如：衣服的颜色。一旦被“捕食者”发现的“猎物”就回到“捕食者”身边（画定的圆圈内），等到下一轮成为新的“捕食者”。特别注意：这一轮没结束之前，被抓获的“猎物”要保持沉默，不能暴露其他没有被抓“猎物”的位置和信息。

（4）当最开始那个“捕食者”确定已经再也找不到隐藏起来的“猎物”，第一轮结束了。第二轮开始的时候，所有的“捕食者”都需要蒙上眼睛，大家靠在一起站。“捕食者”依旧遵照上一环节的要求，不能改变位置。依旧由第一位“捕食者”缓慢的从 1 数到 20。在这期间，所有的“猎物”必须移动，让自己在更靠近“捕食者”的地方藏起来。数到 20 后，取下眼罩，按照上一环节的要求开始寻找猎物。

（5）重复以上步骤，直到最后只剩下 1 到 2 位“猎物”游戏才结束。让最后存活的“猎物”站起来。有时候可能会惊讶地发现，原来他们距离“捕

“密林生存技能”游戏示例（绘图：杨利）

食者”已经非常近了，但没有被发现。

2. 可以根据时间和需要多玩几次游戏。在新一轮开始的时候，提醒猎物们采取多次改变自己的策略，以便更好地生存下来。

3. 游戏结束后和参与者讨论：作为一名“猎手”，你利用了哪些捕猎技巧？作为一名“猎物”，你用过哪些躲避技巧？

（1）通常，“猎手”会提到良好的听力、敏锐的视力、群体作战、预判能力、欺骗……

（2）“猎物”们通常使用的技巧有保持安静、伪装、良好的听力、群体躲避……

（3）作为“猎手”和“猎物”，还可以在哪方面做得更成功。有一些好点子包括：改变（衣服）颜色、变得更小、爬上树……

4. 问问大家这里的野生动物，采取了哪些跟大家一样的生存技能？引导者在介绍每一种动物的时候，可以跟游戏中大家提到的技能相结合，给参与者讲故事，展示野生动物的照片，最重要的是在讲诉野生动物的时候，尽可能将参与者和野生动物联系起来，能增强参与者对野生动物的好奇和关注度，更能提升参与者认可野生动物强大的生存智慧。例如：

（1）良好的听力。问问大家在游戏中哪些人应用了这一技能？告诉大家森林里很多动物都具备良好听力，很多草食动物如斑羚、小麂，它们听力都很好，在觅食期间，随时可能因为微小响声而停止觅食，非常警觉；大熊猫的听力也挺好，听力范围甚至达到超声波范围。

（2）为了应对被捕食者良好的听力，你作为猎手，是否有相应的对策？野生动物的对策和你一样吗？猫科动物的对策就是悄无声息。这里的森林里有豹猫、雪豹等，它们都有如家猫一样的肉脚垫，走路几乎没有声音，而且它们在走路的时候，有意识地避开草，以便不发出任何声响。

（3）猫科动物作为这座森林的主要猎食者，还有哪些生存技能是你们也用过的？对了，伪装。雪豹一身灰白色的皮毛颜色，跟环境能融为一体。当然它的猎物也会这一技巧，岩羊喜欢生活在高山、悬崖、碎石滩，它们如果卧在一堆碎石滩上，也很难被发现。除了会“隐身”，岩羊还会“飞檐走壁”，用自己的蹄子上两跟足趾牢牢抓住岩石，蹄部布满的神经系统，还能感知到石头微小的摇晃，岩羊的平衡力很好。问问大家谁在游戏中还运用了平衡力呢?

（4）还有些“猎物”们，喜欢挤在一个安全空间，这增加了“猎手”的判断难度，不知道看到的脚是谁。这座森林里有哪些动物喜欢群居呢？羚牛是群居的，金丝猴也群居，它们通常发现危险，会有“哨兵”报警，会集体逃窜，也可能集体攻击。羚牛在行进过程中，幼年羚牛通常是走在群体中间，雄性羚牛往往会在边缘。

（5）还有一种依靠团队狩猎的猎手，跟你们一样。那就是黄喉貂和狼。身材矫健灵活的黄喉貂也能靠战术围攻猎物。

5. 总结部分，让参与者总结一下本活动所学到的信息，或者扩展更多关于动物适应性的例子。

教学评估

让学生们谈一谈本次活动对野生动物们的看法有哪些改变？可以使用本课学生记录卡进行评估，在课程开始前和结束后用不同颜色的笔填写。

附件 1

学生记录卡

关于这里的野生动物，你有哪些新的认识和看法？画一画，写一写。

追踪动物痕迹

课程目标

知识方面：

（1）认识动物监测和研究利用的基本工具。

（2）了解红外相机安装的基本知识。

（3）能描述常见代表动物的痕迹。

（4）（大龄段参与者）能初步了解生态位的概念。

情感和态度方面：

（1）提升对野生动物的关注度。

（2）训练观察敏锐度。

（3）提升对动物研究的兴趣。

时长：150 分钟。

适合年龄段：3 年级以上。

场地要求：如果有 PPT，前部分讲解在室内进行。也可以用图片代替，在距离要调查的动物痕迹区域不远处讲解。

适合人数：4 人以上。野生动物活动区域严格控制人数，减少对栖息地的影响。

材料准备：

（1）当地野生动物的图片，以及每种野生动物的活动痕迹图片（或者 PPT）。

（2）红外相机（按需）。

（3）野生动物痕迹调查表（附件）。

（4）海拔表。

背景信息

科学研究人员在进行动物野外研究和调查的时候，不能做到随时监控到动物的情况，甚至有些动物并不能经常直接见到，寻找动物活动所留下

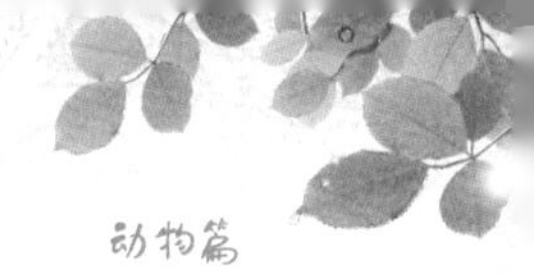

的痕迹就很重要了。同时，为了减少科研对野生动物栖息地的影响，借助红外相机拍摄动物也成为近几年的野外动物研究的重要方式。动物留下的痕迹类型多种多样，有动物本身的痕迹，如脚印、毛发；也有活动后留下的一些特征性物理变化，例如：野猪拱过的土壤；被取食树皮后留下的痕迹等。经验丰富的研究者们能辨别痕迹新鲜程度。在寻找野生动物痕迹的时候，可能会看到人类活动对栖息地的影响，例如家养动物的痕迹，也一并记录下。

生活在同一片区域的动物对栖息地有特定的需求，这就是科学家们提到的生态位。同时，不同动物对人类活动接受程度也不同。科研人员发现羚牛、中华斑羚、野猪、毛冠鹿和大熊猫对栖息地选择较为重叠，但也有细微差别，例如羚牛的栖息地与大熊猫高度重合，但偏好林缘区域和高山灌丛、草甸；中华斑羚会出现在陡峭悬崖。还有一些动物，如亚洲黑熊、林麝、小麂、中华鬣羚对栖息地的选择跟大熊猫重合度就不高。亚洲黑熊的活动范围主要在中低山和河谷地带的次生林、灌丛中；林麝则是一种活动范围和取食范围很广泛的食草动物；小麂就不喜欢在竹林活动。年龄较大的参与者在追踪动物痕迹的时候，也可以关注生态位这一信息，引导者还可以根据具体情况，引导大家理解科学的栖息地保护观念应该是综合考虑的，就如近年来科学家们提出在保护大熊猫栖息地的同时，也逐步综合考虑其他野生动物的栖息地建设。

教学步骤

1. 用图片或者 PPT 的方式介绍区域内的代表动物。介绍的内容包括：动物本身的体貌特征、行为特征和较为明显的痕迹特征图，并教大家辨识这些痕迹特征。

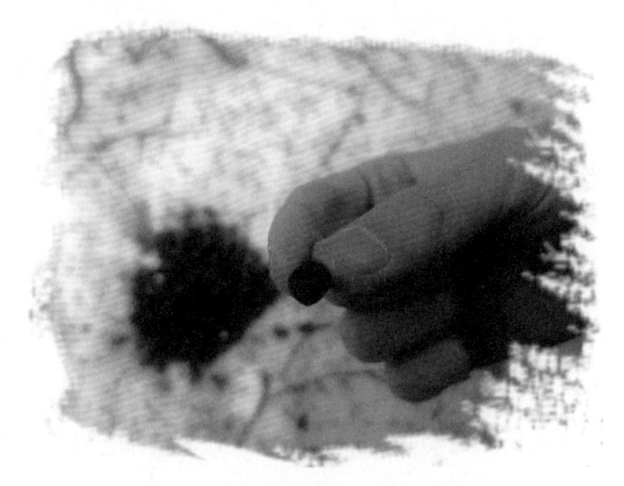

斑羚粪便有小窝

2. 为巩固认知程度，讲解结束后，可开展配对游戏，即：将讲解过的动物图片与动物痕迹图片打乱顺序后，再请参与者一一配对。

3. 将参与者集中起来讨论：在减少对野生动物干扰的情况下，用什么方法能监测区域内野生动物的活动情况？由此引出关于红外相机和动物痕迹调查。

4. 讲解红外相机安装的方法和注意事项。

（1）首先确定自己希望拍摄的主要动物是哪些。动物们有不同的体型、活动范围等，以调整红外相机的高度。例如：要拍摄到川金丝猴的主要活动，则红外相机需要设置更高一些的位置。

（2）根据动物习性或者动物痕迹分析目标动物可能出现的区域范围，寻找兽径。

（3）红外相机安装时要注意以下事项。

- 红外相机安装要考虑位置、方向、安装高度。
- 安装位置通常在目标动物可能活动的区域，如明显的兽径，或者有其他痕迹的地方。
- 方向选择尽量面对北方，以避免面对阳光而空拍。
- 然后调试相机聚焦点，采用人模拟动物的测试方式，即一个人蹲在红

外相机前拍一张测试照片，以确定主要拍摄区域中，动物成相在取景框内，避免空拍；同时也检查拍摄的镜头角度不会对着天空的区域过多而造成逆光。

- 再调试好相机内部设置，包括：拍摄时间、间隔时间、照片张数和视频长度，并将GPS点位信息（经纬度，海拔），和相机所处的生境信息（优势种，坡度，坡向）记录到表格上，最后固定好红外相机，离开时确定是否开机。

5. 讲解动物痕迹观察表的填写方法和注意事项。

6. 带参与者出发去所要调查的区域，在指定范围内，请大家带上动物痕迹观察表出发。去定点自己的红外相机安装位置。同时，认真仔细地搜索野生动物痕迹。为了避免生手对动物痕迹的破坏，这里可以由富有经验的引导者画定较小的范围，供参与者调查和讨论。定位好红外相机后可以尝试着安装，并请富有经验的引导者检查。

7. 调查结束后，将所有参与者聚集在一起。请小组将数据整合，并分享自己收集到的数据。

王朗自然教育活动现场

兽径（摄影：孙琴）

8. 对于大龄段的参与者，可以进一步思考、讨论和分享以下问题。在讨论前如果还没有做过“生存的空间”游戏，这里可以带领参与者做这个游戏，根据需要只完成前 8 轮游戏即可。

（1）这里的环境需要具备什么特点，才能吸引动物们在此活动？询问保护区工作人员，这些动物是经常在这一区域活动吗？其他动物为什么没有来？

（2）这里的人为活动痕迹有哪些？现有的人为活动量是否对这些动物造成了影响？

教学评估

1. 描述红外相机安装的步骤和注意事项。

2. 小组合作理清王朗保护区代表动物的痕迹特征。

附件 1

王朗保护区野生动物痕迹调查					
巡护线路		日期	时间	天气	记录人
海拔	东经北纬		是否有人为干扰？ 干扰类型和干扰时间		
动物名称 1：		动物名称 2：		动物名称 3：	
痕迹类型：	新鲜程度：	痕迹类型：	新鲜程度：	痕迹类型：	新鲜程度：
画一画所发现的痕迹		画一画所发现的痕迹		画一画所发现的痕迹	
动物名称 4：		动物名称 5：		动物名称 6：	
痕迹类型：	新鲜程度：	痕迹类型：	新鲜程度：	痕迹类型：	新鲜程度：
画一画所发现的痕迹		画一画所发现的痕迹		画一画所发现的痕迹	
思考：这里的环境具备什么特点，才能吸引到动物们在此活动？					

备注：痕迹类型：1. 尸体。2. 粪便。3. 食迹。4. 卧迹。5. 足迹。6. 毛发。7. 巢穴。8. 嗅味树。9. 气味。10. 发情场所。11. 其他。

新鲜程度：1. 一天。2. 2 ~ 3 天。3. 15 天以内。4. 15 天以上。

干扰类型：1. 放牧。2. 采药。3. 割竹。4. 打笋。5. 盗猎。6. 竹子开花。7. 采伐。8. 砍伐。9. 休闲旅游。10. 火灾。11. 筑坝。12. 修路。13. 其他。

时间：1. 正在发生。2. 刚结束。3. 6 ~ 30 天。4.30 天以上。

熊猫侦探之大熊猫在哪里？

课程目标

知识方面：

（1）能描述大熊猫宜栖息地的主要元素。

（2）能说出大熊猫应对环境所采取的最优生存策略所包含的内容。

情感和态度方面：

（1）提升对大熊猫的喜爱和关注度。

（2）感悟每一种动物都对栖息地有特定的需求，都是实施最优生存策略的。

技能方面：

提升参与者运用科学研究解决实际环境问题的意识。

时长：每个样地的调查时间预计1.5小时。

适合年龄段：5年级以上。

场地要求：

选择2个样地进行对比研究。样地1为不适宜的栖息地，例如：竹林过密、过稀等；样地2为较为适宜的栖息地。由于学生不能像科研人员一样获得许多数据，因此在两处样地选择的时候最好有较为明显的对比，以方便学生理解。同时尽可能考虑在大熊猫主要活动区域的边缘适合的地方，以减少对大熊猫活动的干扰。

适合人数：控制人数，减少干扰。

材料准备：

（1）调查工具包：坡度测量仪、海拔测量仪，皮尺，大熊猫适宜栖息地调查表。

（2）水彩笔若干和绘制大熊猫栖息地的纸（每人一张）。

（3）用于做思维导图的卡片和箭头。

背景信息

即使是生活在同一栖息地的动物也会对生境有特定的需求，动物理想的栖息地要有充足的、优质的食物来源，干净的水源，以及可以躲避的空间。

野生大熊猫的活动区域海拔在 1500 ~ 3200m，不同的地区因为环境不同有一定的差异。王朗保护区的大熊猫活动区域集中分布在 2600 ~ 3000m。

研究发现大熊猫遇见率最高的地方还是具备稳定结构的原始林，其次是部分自然恢复的次生林。原始针阔混交林、针叶林中高大上层乔木构成的郁闭度较大，但也不会过密，这样的环境使得林下灌木层包括竹子得以稳定地生长和更新；林间营造了可以隐蔽的空间，原始林还为大熊猫产仔提供了条件——有可以栖息的树洞。在《大熊猫生态系统恢复指标体系研究》中的数据显示，王朗自然保护区大熊猫的最高遇见率是在林木高度 15 ~ 25m，灌木高度 >3m、灌木株数 <5000 株 /m^2、林木株数 900 株 /m^2、灌木种类 <5 种、林木组成中云冷杉 <50%、灌木盖度 <40%、林冠郁闭度 50% ~ 70% 的森林群落。

科学家们还发现竹子的密度和基茎大小也是大熊猫考虑的一个因素之一。过密的竹林穿行会更加耗能和耗时，而竹子个体竞争太大，营养价值相对偏低。过于稀疏的竹林也不是大熊猫要选择的，因为同样的时间里获得的能量也少。《人工林作为大熊猫栖息地适宜性研究》一文中提到：Reid 等在卧龙自然保护区的研究认为大熊猫偏好选择冷箭竹的密度为 60 ~ 119 株 /m^2；魏辅文等在自然保护区的研究认为大熊猫偏好选择峨热竹的密度为 20 ~ 40 株 /m^2；中国珍等在王朗自然保护区的研究发现，大熊猫偏好选择缺苞箭竹的密度为 35 ~ 102 株 /m^2。对于竹子的基茎大小，研究人员发现竹竿的基茎和高度成正比，而且基茎粗的竹种笋更粗，大熊猫采集相同年龄的竹子和同年竹笋，相同时间里粗大的竹子获得的能量会更多。由此可见，大熊猫在摄食选择上会考虑到能量收益和消耗，体现了它们的最优生存策略。

大熊猫对坡度的选择主要还是趋于平缓、阳坡或半阴半阳的坡位，方便坐下采食节约能量，也减少爬陡坡所带来的能量损耗。有研究数据表明王朗保护区发现大熊猫活动区域最频繁的区域坡度在25° ~ 45°，也有小于25°的；在卧龙区域大熊猫有63%的几率活动于坡度小于20°的地区。坡向一般为西坡、西南坡、西北坡。

大熊猫活动区域通常距离水源地不远，方便取水。有趣的是大熊猫去取水的时候，为了减少能量消耗，通常走的线路较直的捷径，如有研究人员就描述过按照“∞”和“Z”字型的移动线路，这样可以扩大取食范围。

要找到大熊猫在哪里，还要考虑到季节的影响。春季竹笋萌发，大熊猫就从低海拔追着最容易消化营养价值又很高的竹笋走；夏秋季就住在较高海拔区域，而到了冬季高海拔食物不充足的时候就往低海拔寻找栖息所。

研究人员发现大熊猫对干扰有明显的回避行为，所以我们应该尽可能地减少对它们的人为影响。

无论是大熊猫还是其他动物，在对生存环境的选择行为是有规律的，在复杂的环境中，选择最有利于自己生存繁衍的生境是必备的生存能力。

教学步骤

1. 邀请参与者做一回“熊猫侦探”，要侦察的任务是：王朗最适合大熊猫生活的地方都满足哪些条件？在开始寻找线索之前，请大家先做一些推测，方式是：绘制一张自己认为大熊猫适宜的栖息地环境图，并分享自己认为最重要的几个环境因子包括哪些。可以是小组合作，也可以自己进行。

大熊猫生境（摄影：邹滔）

2. 用附件 1《大熊猫栖息地调查表》上的线索，对比两个不同样地。再根据数据推出“大熊猫栖息地满足哪些条件”。

（1）在出发前，确认参与者是否对表格所涉及的名词都已经理解。

（2）部分数据的采集采用目估法，在课程开始前引导者需要提前熟悉样地情况。在引导过程中，尽量不直接给出答案，最好和参与者讨论，由他们通过样地对比做出选择。

（3）在引导的时候还要注意表格中提供的部分参考数据主要来源为王朗保护区，各山系、环境不同，竹种类等不同，依然存在差异。这一点需要在适当的地方让参与者知道。

3. 完成调查表后，请参与者分享数据，并一起讨论。

（1）哪一个样地是大熊猫适宜的栖息地？这里具备哪些特点？讨论过程可以采用思维导图的方式进行。

（2）大熊猫对自己栖息地的选择，哪些地方体现了它们强大的野外生存策略？这部分讨论非常重要，可以参考以下提示。

王朗自然教育活动现场

• 引导参与者理解大熊猫对采食地的选择，如：竹类生长速度快，来源丰富，并且食物竞争者少。

• 竹类本身营养价值不高，因此大熊猫们选择了减少能量损耗的对策，大熊猫会对竹类的高度、密度等有所考量。

• 它们生活的密林隐蔽条件优越，尽量避开了与其他物种间的冲突；同类之间黑白色也是醒目的标志，减少了相互接触的机会，以粪便和尿斑作为领域标记，彼此就不需要驱赶。这些特征和行为都是它们减少能量消耗的策略。

• 大熊猫并非是自然规律的淘汰者，而应该和其他野生动物一样是占据了合适的生态位的生存强者。

4. 对大龄段的参与者，可以开展以下的讨论。建议专门安排讨论时间，尽可能充分地进行讨论。问题如下。

（1）你发现了这里有哪些人类活动的痕迹？这些行为会对大熊猫产生干扰吗?

（2）如果有干扰，如何减少这样的干扰?

5. 总结，大熊猫对自己的栖息地是有特别要求的，这由它们的食物、水和隐蔽空间决定。事实上无论是大熊猫还是其他动物，对生存环境的选择行为是有规律的，生活在同一片森林里的动物选择了最利于自己生存的策略，合理地占据了森林的一个空间。

6. 最后，再请参与者补充或者重新绘制步骤 1 的大熊猫栖息地图。

教学评估

1. 参与者前后绘制的大熊猫栖息地环境图可以作为评估内容，看活动结束后是否有增加的新元素，以了解参与者是否理解大熊猫适宜栖息地的主要元素。

2. 课程结束后可以问问大家，经过对栖息地的探索，对大熊猫是否有进一步的认识，评估除了知识方面的增加，参与者是否还从情感方面对大熊猫有了更深的感受。

参考资料和扩展阅读

1. 申国珍，等 . 大熊猫栖息地退化生态系统恢复指标体系研究［J］. 内蒙古农业大学学报：自然科学版，2022，23（1）：36–40.

2. 杨春花，张和民，周小平，等 . 大熊猫生境选择发展研究［J］. 生态学报，2006，26（10）：3442–3453.

3. 杨宏伟，等 . 人工林作为大熊猫栖息地的适应性研究［J］. 北京林业大学学报，2013，35（4）：67–73.

4. 胡锦矗 . 大熊猫的摄食行为［J］. 生物学通报，1995，30（9）：14–18.

附件 1

大熊猫栖息地调查表

	样地 1 小地名：	样地 2 小地名：
海拔高度		
竹子的种类		
竹子的高度 A. 低于 1m B. 1.5 ~ 2.8m 范围内		
竹子的密度（画定 1 平方米范围） A. 35 ~ 102 株 /m^2 B. 小于 10 株 /m^2 C. 大于 200 株 /m^2		
乔木高度 A. 15 ~ 25m　B. < 10m		
林冠郁闭度（目测法） A. 低（参考范围小于 0.4） B. 中（参考范围 0.5 ~ 0.7） C. 高（参考范围大于 1.0 ~ 0.9）		
优势树种组成（20m×20m 范围） A. 其中云冷杉数量> 50% B. 其中 40% ~ 50% 为云冷杉		
灌木高度（大多数） A. > 2 米　B. 小于 2 米		
灌木的盖度（目估法） A. 盖度低（参考值 低于 40%） B. 盖度中等（参考值 40% ~ 80%） C. 盖度高（参考值 80% 以上）		
坡度和坡向		
水源地距离		
大熊猫最适宜的栖息地具备哪些特点：		

备注：本表格提供的数据参考部分科研人员在王朗保护区的数据，不同山系的数据略有不同。

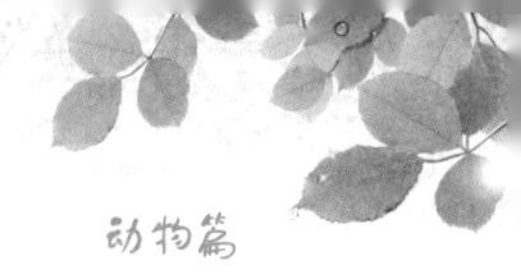

栖息地求生记

课程目标

知识方面：

（1）能描述现阶段野生动物面临的各种威胁。

（2）理解野生动物生存与每一个人都息息相关。

情感和态度方面：

提升对野生动物生存状况的关注度。

技能方面：

（1）增强同理心。

（2）提升对环境问题分析和解决问题的能力。

行动方面：

愿意为减少野生动物威胁付出实际行动。

时长：90分钟。

适合年龄段：5年级以上。

场地要求：宽敞的室内或者开阔的室外均可。

适合人数：12人以上。

材料准备：

（1）废旧报纸若干。

（2）本地野生动物名牌，每人一张。

（3）用于问题分析和讨论的白板或者大白纸。

背景信息

栖息地遭到破坏，是导致现阶段世界各地很多野生动物成为濒危动物的主要原因。如果问学生保护森林我们每一个人可以做什么时，得到的答案依然跟20世纪90年代一致：禁止砍伐森林。这不得不说砍伐历史对生态环境的破坏影响是会延续很多代人的；同时，也不难看到，在科学研究不断推进的今天，科学研究的结论并没有被广泛地应用在日常生活中，或者没有被推广给公众，以至于普通公众并不知道森林现阶段面临的各种威胁并不只有砍伐。因此本活动着重强调公众能参与解决的森林危机。

据资料考证20世纪中叶王朗保护区所在范围也是当时供应宝成铁路建设用木材的地方之一，因此海拔2600米以下的大多数林地都经历过砍伐，科研数据研究证明砍伐后的区域经历了50～70年的恢复，其生态功能仍未恢复到以前的状态。年轻的参与者们理解这一点，并不是为了带有色眼镜批评历史，而只是为了让未来的社会决策者们吸取历史的经验教训。

森林旅游是目前野生动物们正在经历的巨大生存挑战之一。有科研数据证明：受到旅游干扰较大的原生栖息地，其动物群落特征与50年前经历砍伐的次生林相似。基础建设占用了动物的栖息地、人类的噪声干扰野生动物的生活，导致野生动物的栖息环境缩小或者被隔离。被隔离的栖息地使得动物迁移到新的觅食地和寻找配偶都存在困难。而缩小的栖息地承载动物的数量是有限的。森林旅游所带来的其他影响还包括：随地丢弃的垃圾可能导致野生动物误食；随意投喂野生动物也会造成其生病甚至死亡。

采集也是森林面临的挑战之一。首先是中草药的采集，由于一些人对中草药的迷恋，认为多喝草药保健康，还可以预防疾病，盲目地相信野生中草药比人工种植的更有效果，从而刺激了中草药的采集。无论是保护区的工作人员，还是社区居民，都发现以前常见的一些草药，现在需要到更远的地方才能找到，这就意味着那些还没来得及做数量调查的一些植物，在区域内大量减少；当然也存在所采集的药材本身就是濒危物种；采集过程可能对其他植被产生了破坏，例如：某些药材需要挖很大的坑来获得庞大的根系。大量采集还可能带来对野生动物生活的干扰。现阶段有很多中草药都已经实现人工种植，研究人员认为经过人工选育的植株可能在药效上比野生植株更佳。

竹笋能为怀孕和哺育后代的大熊猫妈妈提供充足的营养，是大熊猫们

最喜爱的食物。研究人员发现：人们认为部分种类的竹笋口感很好，因此进行大规模无序的采笋，导致竹子种群的质量降低，也会因此抢占了大熊猫的食物，或许有可能影响到野外大熊猫的繁殖行为。与此同时，大熊猫对人类活动有趋避性，在大熊猫栖息地的采笋行为将会干扰其生活。

过度放牧目前被认为是森林面临的最大威胁之一，研究人员发现家养动物经常活动的区域往往很少有野生动物出现。家养动物通常会抢占栖息地质量更好的地方活动，这导致同一区域的野生动物被迫放弃食物和居住空间。研究人员曾发现大熊猫和羚牛都会避开牛马生活的区域；森林里成群的牛马啃食了大熊猫的主食竹后，导致竹子的再生能力降低，枯死竹数量也高出很多倍。数据显示：相较于2000年以前，王朗保护区大熊猫栖息地由于放牧的影响逐步退化了将近1/3。

在我们讨论栖息地面临的挑战的时候，引导者可能无法回避的问题是以上发生的许多行为对当地社区居民来说却是一种增加收益的途径之一。在讨论解决问题的对策的时候不应该忽略这一因素。

本活动适合在参与者都对动物和森林有一定认识的基础上做，建议放在完成“追踪动物痕迹”活动之后。该活动将参与者对森林的的认识，从科学层面提升到思考自己与森林关系层面，帮助参与者学习如何解决环境问题的能力。因此，本活动很适合作为营期最后一个活动出现。

教学步骤

1. 将参与者集中起来，告诉大家如果你想扮演王朗森林里的某一种动物，你最愿意是谁？大家一起抽盲盒。本部分活动引导如下。

（1）抽到的动物卡片就是自己要扮演的动物角色。

（2）选择其中一个人说出自己是哪种动物，请与这种动物有关联的第二个人发言，说出自己与前一种动物是什么关系。例如，第一个人说自己是松鼠，第二人持有鹰卡片的同学说我的食物是松鼠，第三个扮演蛇的参与者则可以说我是鹰的竞争者，我也捕猎松鼠。

（3）以此类推，让所有“动物”都能找到彼此相互关联的点，大家一起生活在一片宁静的森林里。

2. 在地上铺上报纸，报纸代表动物们的栖息地，注意铺的时候报纸之间的距离不要太大，意味着栖息地连接成一片。活动开始，邀请“森林动物”们找到自己需要的栖息地，并告诉大家，在整个活动过程中，如果谁有半只脚经过调整都无法完整地踩到报纸上，则意味着它死亡。有时候某些“森林动物”为了不跟其他伙伴分享“栖息地”，会挪动自己的报纸，只要不是太远，不用干涉他。引导者要注意每一个故事情节发生后都会减少一些“栖息地”，即：拿走一些报纸。

“栖息地求生记”活动现场

3. 等所有的“森林动物”找到舒适的栖息地，带领者开始讲述一个关于森林的故事。带领者可以直接使用附件提供的故事。或者根据自己的风格或者参与者的背景重新创编，要注意故事情节是真实发生的，并且与参与者有紧密联系。

4. 游戏可以多玩几次，第一次可能有参与者为了自己逃生，推开其他“野生动物”。可以在下一轮告诉大家尽可能都活着，你们会有什么办法？还有些时候，当“野生动物们”都拥挤在一小片栖息地的时候，引导者甚至可以暂停讲故事，等待一小会儿，看看拥挤的栖息地能坚持多久，也许很快就崩塌了，所有人都失去了栖息地。

5. 游戏结束后，召集大家围成圈讨论。先让“野生动物们”宣泄自己的不满和愤怒。有时候你可能还会遇到哭泣的“野生动物”。这是引导同理心形成的最佳时候。讨论根据现场情况进行，以下提出几点参考。

（1）作为一只野生动物，你觉得生活容易吗？一只真正的野生动物能像人类表达自己的愤怒和不满吗？

（2）当你移动“栖息地”与别的动物分开后，或者你把其他动物推开的时候，也许你能够活下来，你觉得还能活多久？

（3）野生动物消失的过程，以及消失后的将来，对我们每一个人的生活有什么影响？

6. 根据以上的讨论，深入分析如何帮助野生动物。这部分建议引导者带着参与者详细分析每一个故事情节。引导参与者分析情节中的行为是如何对野生动物产生负面影响的？谁应该为这一行为负责任？我们可以如何减少或者避免这种行为的发生？ 特别提醒：引导者只有原因分析得越具体，寻找对应的解决办法才能越有效，最有效的解决办法应该是与参与者生活相关联的。

7. 总结。引导者在课程结束的时候鼓励参与者都能付出具体行动，以减少对野生动物栖息地的影响。非常期望对于大龄段的参与者，能结合“成为森林旅游友好使者”活动，成为志愿者，让更多的公众成为“森林友好行为”的积极参与者。

教学评估

嵌入式评估，根据学生最后的讨论过程和解决办法，以及最后的行动过程，评估学生分析环境问题和解决环境问题的能力，以及行动力。

参考资料和扩展阅读

1. 陈星，等 . 基于地形的牲畜空间利用特征及干扰评价——以王朗国家级自然保护区为例［J］. 生物多样生，2019，27（6）：630–637.

3. 黄金燕，刘巅，张明春，等 . 放牧对卧龙大熊猫栖息地草本植物物种多样性与竹子生长影响［J］. 竹子学报，36（2）：57–64.

附件 1

“消失了的栖息地”游戏范本

这里是一片宁静的原始森林，生活着许许多多的动物，有食肉动物豹、黄喉貂、金猫……也有草食动物毛冠鹿、松鼠……它们有时候为了食物而斗争，有时候为了隐蔽空间而争锋相对，但动物们都遵循生命循回的自然法则，相互制约，共同维持着整个森林的永续发展，让每一个物种在这里繁衍生息。

直到有一天，这份宁静被打破了。

有一队伐木工人进入了森林，他们砍伐了一大片树，运出去作为修建铁路的重要材料。动物们纷纷逃命，寻找新的栖息地，有的动物可能因为没有找到更合适的地方，而不幸失去了生命。（每一段就是一个故事环节，引导者捡走一些报纸，并等待参与者找到新的栖息地，一些没有找到立脚点报纸的“森林动物”意味着“死亡”，请他们站到游戏圈外，并帮忙监督其他人。下同）。森林暂时恢复了平静，动物们重新适应新的环境。

又过了一段时间，人们发现这片森林的冬天很美丽，建造一个滑雪场不错。于是滑雪场建设开工了，而且还修了配套的酒店等娱乐设施，还修有大公路方便上山。住在这片区域的动物们只得搬离，寻找新的栖息地。

有游客在森林里燃放火堆，还吸烟，最终导致了森林火灾。

游客们还喜欢这里的中草药和竹笋。据说草药无副作用，随时吃点可以预防疾病，游玩的时候采集一些重楼、雪兔子、虫草等回家，或者离开的时候多买点带回去。可是随着采集的人太多了，不太好找了，所以得到森林深处去找找，甚至穿过森林到山坡上去找，还真挖到了好多东西。

竹笋特别美味，尤其是大熊猫的竹笋，大家都觉得比外面的竹笋好吃，多采集一些吧，需要的游客多着呢。熊猫在哪里？它最会找竹笋了，我就去它那边采。

嗯，大家都喜欢吃牛肉、羊肉，这可是一个发家致富的好办法，而且现在森林里肉食动物不多了，放牧的地方更宽阔了，多增加一些牛、羊还有马匹和猪，就让它们自由自在地在林中寻找食物吧。嗯，这些可都是食草动物，啥都能吃，竹子、叶子、草等，所以很多的野生动物栖息地归家养动物们了。

森林现在处处危机，野生动物们，你们还好吗？

附件 2

学生记录卡

面对“消失了的栖息地”，你能为此做哪些具体的事情?

王朗的蛙蛙和蟾蜍们

课程目标

知识方面：

（1）知道保护区内的几种蛙类，并能初步从形态特征区分它们。

（2）能描述常见到的中国林蛙和华西蟾蜍的生存环境。

（3）理解蛙类的声音通信意义。

（4）能描述蛙类的体色在环境中的保护作用。

情感方面：

提升对身边两栖类动物的关注兴趣。

时长：2 小时。

适合年龄段：2—9 年级。

场地要求：两种常见蛙类靠路边的繁殖地。

适合人数：5 人以上。

材料准备：

（1）头灯，雨靴，登山杖；相机或手机（如有）。

（2）“夜行探蛙”线索卡和垫板。

（3）王朗保护区常见蛙类的特征照片。

（4）夜观注意衣着准备——保暖和安全。

背景信息

青蛙和蟾蜍都是两栖类动物。蛙科一般具有光滑、湿润的表皮，四肢纤细善于跳跃；而蟾蜍的四肢粗短行动缓慢，皮肤粗糙有许多小疙瘩（皮脂腺，也叫毒腺，能分泌白色液体），眼睛后面还有一对会分泌毒液的大型突出的腺体，称之为耳后腺。

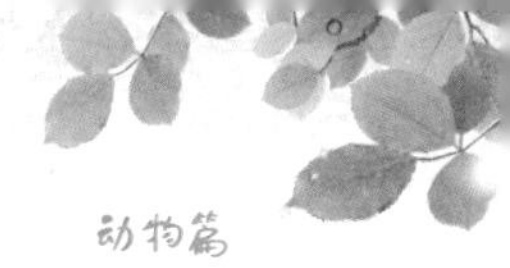

一般情况下，蟾蜍生活在离水源比较远的地方，青蛙则在比较靠近水源的丛林生活。不过可能因为下雨，路面比较湿的时候青蛙也会跑到离水源比较远的地方；而蟾蜍也会因为要繁殖，跑到河流或是水源边。

蛙和蟾蜍一般是通过声带发声的，雄蛙有声囊，雌蛙没有。大多数情况雌蛙不发出声音，有的偶尔会发出低沉的回应声；蟾蜍无论雌雄都没有声囊，不过雄性蟾蜍依然会发出声音。鸣声是蛙和蟾蜍们（大多数无尾两栖类）的通信方式。声音里面包含了个体大小、占有领地、遇险鸣叫等，蛙们还会在不同情况下改变自己的鸣叫声，例如有雌性路过的时候，雄性可能会加快鸣叫节奏，或者增大音量。如果有其他同类入侵自己的领地，守护领地者也会发出警告鸣声。

中国林蛙和华西蟾蜍身体颜色跟它们生活的环境很相似，都有良好的保护色而躲开捕猎者。林蛙冬眠的时候在水里大多数身体为黑褐色，背部有明显的黑色斑纹，四肢有环形黑色条，看上去像水中落叶的光影；雌蛙腹部为黄色，并带有云状淡红色或浅灰色斑纹。雄蛙腹部为白色，并有黑斑。夏季的颜色更接近于岸边的色彩，蛙体色为浅灰或土黄色，腹部为白色。

两栖动物的卵：青蛙的卵外包被着胶质膜，遇水即膨胀，且彼此相连，结成一大团卵块；蟾蜍的卵则包在长条状的胶质膜内，状似奶茶吸管中的“珍珠”。胶质膜具有保护卵的作用，又能使卵有较为良好的发育条件。柔韧的胶质膜是对机械性刺激的最好缓冲物。

教学步骤

1.“猜猜我是谁”指鼻子游戏。告诉参与者我们将要探索一群很古老的动物家族，我们用指鼻子游戏来介绍它们。方法是引导者将说出这个大家庭的几个特征，即谜面，每说一条，如果你知道就用手指着自己的鼻子，如果下一条你发现不是你想的那个动物家族，就放下你的手，直到念完所有的谜面，请大家说出自己的答案，即：两栖类家族。

（1）它们所在的大家庭被科学家们称为“全球环境风向标”。

（2）它们的家族是最早适应陆地生活的脊椎动物。

（3）它们能通过皮肤呼吸。

（4）它们家族中大多数种类依靠声音作为通信工具。

（5）它们家族中大多数成员不仅能在水中生活，也能在陆地上生活。

（6）它们小的时候和长大了的样子区别很大。

2. 今天要探索的是这个古老家族生活在王朗保护区的成员代表。引导者展示王朗保护区几种蛙类图片——中国林蛙、华西蟾蜍、王朗齿突蟾、西藏山溪鲵。其中中国林蛙和华西蟾蜍是王朗陆地上较为常见的代表。王朗齿突蟾、西藏山溪鲵是王朗溪流中较为常见的代表。

3.“夜行探蛙”准备工作。和所有参与者达成一致意见。

（1）观察过程不能随意捕捉蛙类。

（2）徒步行走的时候，要特别注意不要踩到它们。

（3）做好防护措施，以防虫蛇咬，如：着长衣长袖，扎紧裤脚，穿雨鞋。

（4）不能走入没有明显道路的地方。

4. 如果开车到达，则在接近蛙类繁殖地前提前下车，建议步行 5 分钟的距离，开始观察。

5. 在引导参与者观察的时候，有以下注意事项。

（1）绘制声音地图的时候，告诉参与者在白纸的中间画上圆心，代表自己目前所在地。记录声音的时候，用自己特有的符号标记某一类声音，声音符号能显示声音的节奏、长短、发声源等信息。

（2）第一轮声音地图结束后，带参与者寻找蛙类，并联系声音地图逐一讲解。

（3）第二轮，邀请参与者闭上眼睛，享受夜晚的音乐会，尝试使用刚才学到的如何听音辨蛙的本领。

（4）建议参与者在声音地图上画蛙，但夜晚不太方便绘画，则由引导者

拍照记录，等到第二天再专门给参与者时间绘图和记录。

6. 观察结束后，根据观察线索进行讨论分享，同时也特别提出以下问题。

（1）蛙鸣的作用是什么？

（2）蛙和蟾蜍从形态上有哪些不一样？

（3）为什么蛙类的后腿比蟾蜍的后腿长？

（4）蛙类为什么不能离开潮湿环境生活？

7. 扩展信息，夜听蛙鸣是一件有趣的事情，可以引导参与者分享：你会用什么词语或者句子来描绘此时的蛙声？

8. 总结。建议留给参与者一张白纸，总结中国林蛙和华西蟾蜍的相同和不同点，这些相同点和不同点是否也分别代表了蛙类和蟾类的共同特性。

教学评估

教学评估可根据学生总结的中国林蛙和蟾蜍的相同点和不同点看是否能描述在王朗常见的蛙类和蟾蜍形态特征和生活环境。

附件 1

王朗保护区代表蛙类的图片

中国林蛙（摄影：李彬彬）

华西蟾蜍（摄影：李成）

西藏山溪鲵（摄影：李彬彬）

王朗齿突蟾（摄影：李成）

附件 2：

“夜行探蛙”线索卡

🎧静静地听 3 分钟。你听到了几种蛙声？画一画声音地图。猜一猜这里所有的蛙都能叫吗?

你找到了哪几种蛙？记录并画下它们的身体特征，包括：身体颜色和斑纹、后腿长度、蹼、头长和头宽哪个更长、体表褶线等方面。

再画一画它们生活的环境特征？距离水边近吗？周围还有什么特点？

它们身体的颜色和栖息地颜色相似吗？

它们都擅长跳跃吗？

找到它们的卵带或者蝌蚪了吗？华西蟾蜍和中国林蛙的卵和蝌蚪有什么不一样的地方？

蛙的成长礼

课程目标

知识方面：

清楚以蛙类为代表的两栖类所面临的威胁。

情感方面：

提高参与者对蛙类的关爱之情。

技能方面：

（1）提升对环境现象的辩证思维能力，并能形成自己独立看法的能力。

（2）提升对环境问题发表看法的表达能力。

时长：游戏环节大约30分钟，如果考虑路杀现场调查，则另外安排时间。

适合年龄段：3—9年级。

场地要求：室内和空旷的室外环境。

适合人数：5人以上。

材料准备：

（1）游戏环节的卡片，每组一套；注意卡片分成幼体和成体两部分。

（2）讨论环节需要的白纸或者白板。

（3）设计环节需要的白纸和笔。

背景信息

动物们繁衍后代所采取的策略各有不同，有的动物以数量少质量高取胜，也有动物以数量取胜，出生很多，但存活率不高，生态学家称这种繁殖策略为R（rat）策略。蛙和蟾蜍就采取了这种繁殖策略，产卵多，存活率很低。这是自然选择的结果，如果没有过多的人为干扰，是可以适应自然规律的。

两栖类动物特殊的生理结构和行为特征让它们对环境变化非常敏感，被称为是环境变化的指示物种。蛙和蟾蜍是两栖类常见的代表，它们水陆两栖，皮肤通透性很强，直接与空气接触，辅助呼吸，也让环境中的其他物质很容易进入体内。无论水环境还是陆地环境都对它们产生巨大影响。科学家们发现全球两栖类动物的生存面临非常大的挑战，甚至是所有受威胁的生物中最危急的一群。其中一个主要原因是栖息地的退化或者丧失，如森林砍伐、湿地破坏，原有的湿地被改为住房等。土地利用方式改变如道路修建、城市化建设、水电建设等造成栖息地破碎化，进而让种群隔离，久而久之就会导致遗传多样性的丧失。

其中道路修建带来的“路杀”影响将会是本次课程的重点关注点。行车道路的修建阻碍了繁殖季节蛙类的交流，到了繁殖季节蛙类穿过马路的时候就有可能导致路杀产生；同时，在一些环境相对较好的地方，由于路面材质的改变，被硬化后的地面散热较慢，对两栖类动物很有吸引力，夜晚它们可能来到路面。车流量大，车速快也会产生路杀现象。

路杀现象已经有的解决办法包括：在修建道路的时候，在繁殖地等特别的地方为小型动物们修建地下通道（生态涵洞）和防止蛙类跳到路面的围栏；在蛙类繁殖季节控制或者禁止车辆夜间通行等措施。

两栖类面临的其他威胁还包括：栖息环境质量下降，化学污染（农药、化肥、重金属等）影响和阻碍两栖动物生长、发育和行为异常甚至死亡等。两栖类作为食物、医药、宠物等过度使用，也是导致其濒危的原因之一。外来物种入侵抢占本地两栖类的生活环境，会吃掉本地两栖类，例如牛蛙就会吃小型的蛙类和蝌蚪。国际贸易和气候变暖加剧的疾病传播是导致两栖类濒危的又一原因，如壶菌病已经在国内发现。

教学步骤

1. 从“王朗的蛙蛙和蟾蜍们”活动中，我们认识了生活在这片森林的两栖类代表。这一次让我们化身为这里的两栖动物，看看它们的生活是否容易。

2. 游戏规则：

（1）画并标注起点（蝌蚪出生地）中间点（蛙蛙上岸了）、终点（蛙成功繁育点），共计 12 步。

（2）将参与者分成两个组，分别进行游戏；两组成员均从起点开始，先抽取蝌蚪部分的卡片，每次抽取其中一张卡片（卡片顺序是提前被打乱了的），并大声的朗读出卡片的内容，再根据卡片提示做前进还是后退。只有蝌蚪成功繁殖成成蛙后，才开启成蛙旅行。

（3）游戏可以多进行两次，以便参与者能尽可能知道所有卡片的内容。

“蛙的成长记”游戏示例（绘图：杨利）

3. 游戏结束后的讨论。本部分讨论是希望参与者畅所欲言发表自己的感受，还可以用游戏中获得关于蛙类的小知识，讨论问题的建议如下。

（1）作为一只蛙活着容易吗？你经历了哪些生死考验？将大家经历过的磨难，都写在大白纸或者白板上。

（2）你从游戏中发现了蝌蚪小时候的食物是什么？

（3）有没有发现不同的成年蛙类生活的环境还不一样？

（4）为什么我们去观蛙要晚上去呢？

（5）蛙类对环境起到了哪些重要作用？

4. 主题讨论。由于本部分涉及蛙类遇到的生存危机是很多方面的，引导者可以挑出其中某一条进行重点讨论。在王朗保护区内，蛙类最大的威胁之一是路杀现象。本游戏如果在县城学校里进行，则可以选择是否能养小蝌蚪为主题，或者修建房屋或者河流硬化对两栖类动物的影响。无论选择哪一个主题的讨论，都应该让参与者首先理解蛙对环境的重要作用。再带着参与者用问题树的方式，就某一现象进行细致分析，找到现状背后的原因，才能对应地提出行之有效的解决办法。鼓励参与者脑洞大开，集思广益，也许会讨论出未来行之有效的办法。

5. 关于“捕捞蝌蚪回家饲养合适吗”这一主题，我们建议开展方式如下。

（1）将参与者分成两个小组，各持一种观点，来一场辩论会。

（2）引导者在带领这样的讨论时要特别注意鼓励参与者表达自己的观点和看法。辩论并不是非黑即白，而是汇集各方意见，让事情更加清晰明了。

（3）本手册建议不轻易养蝌蚪，一方面，因为饲养者也许并不能提供适合的环境给蝌蚪，或者无法提供适合的照顾，甚至有时候会因为一时好奇带回家，并不能坚持照顾；另一方面，变态成功后的蛙类，也许饲养者并不能给它们找到合适的野外生存空间。大量的捕捉蝌蚪，尤其是濒危种类，并不确定是否会对当地种群产生负面影响。

（4）对于非常坚持要养蝌蚪的观点方，引导者要提醒他们注意：如何做到尽可能提高蝌蚪存活率。蝌蚪对水质的需求较高，不同种类的蝌蚪生活环境不一样，如有的生活在静水，有的在流水中，它们对氧的需要量不一样。除非非常清楚这种蛙类的照顾方式，才谨慎考虑带回家照顾。

6. 关于“路杀”这一主题，根据王朗保护区的实际情况，引导大家讨论以下问题。本讨论建议多一些时间进行，有条件的情况下，可以再安排一次

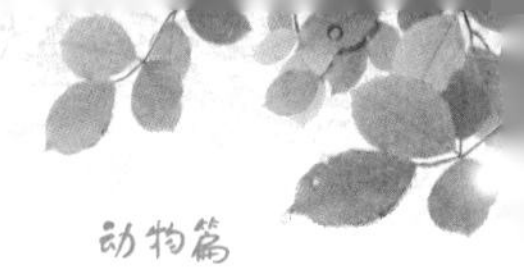

野外课程，调查路杀现场，寻找路杀发生的原因。这将是一个很好的STEAM课程。

在带领参与者设计一处生态涵洞和围栏的时候，要考虑以下因素，包括但不限于：涵洞的大小、位置选择、透光性、环境布置（潮湿）、围栏高度、长度等。（本部分可参考背景信息提供的更多参考资料2）

7. 总结部分。归纳讨论参与者的产出，并鼓励大家关注身边两栖类的生存环境。

教学评估

本课评估通过讨论分享环节，评估参与者对两栖类面临的威胁现状是否理解清楚；是否能提出一些可行性、创造性的方案。

更多参考资料和扩展阅读

1 江建平，谢锋，臧春鑫，等 . 中国两栖动物受威胁现状评估［J］. 生物多样性，2016，24：388–597.

2. 章文艳，舒国成，李成 . 道路对两栖动物的影响［M］// 国家生物多样性计划中国委员会 . 中国生物多样性保护与研究进展Ⅻ . 北京：气象出版社，2018.

附件 1

"蛙的成长礼"游戏卡片	
我们用唇齿刮食石头上的藻类，这也是美味的食物 （向前走 1 步）	小伙伴们都在水里找各种微生物吃，吃得多长得快 （向前走 1 步）
被蜻蜓幼虫盯上了，好多小伙伴被吃掉了，逃出了一部分幸运者 （趴下向后退 2 步）	食物不够了，有的小伙伴被饿死了，有一部分成了幸存者 （原地转 10 圈，向前跳 1 步）
我们被一个孩子从水里捞起来带回家放到鱼缸里，没有食物，还缺氧，死掉了 （回到原点）	我被一个孩子从水里捞起来带回家放到一个有石头、水和植物的鱼缸里，生活环境不错 （向前走 2 步）
世代都生活的地方最近要被修建成新的住宅啦，没有适合生存的地方啦 （回到原点）	生活的小水塘突然被排干水了，我们被干死了 （回到原点）
最近这里的水质越来越差，好多蝌蚪小伙伴病了，大家很害怕 （原地轮空跳 5 次，不动）	这里水质很好，水草丰茂，非常适合生活，大家可以安全地成长 （向前走 1 步）
伙伴们依次长出了后腿、前腿，"牙齿"掉了，也消化掉自己的尾巴，长出了肺，鳃消失了，最终变成跟妈妈一样了 （直接到中间点）	跳进了一条河岸被硬化了的河里，结果找不到地方爬上岸 （回到到原点）
开始洒农药了，食物没啦，我们也中毒了，小伙伴们病的病，死的死 （后退 3 步）	有放生的牛蛙出现了，抢占了我们的家园 （后退 2 步）
糟糕，有一些青蛙伙伴被网网住了，送进餐厅了 （回到原点）	附近有一条白色的路，过去取个暖，飞驰而来的车差点撞到我 （原地转 10 圈，后退 2 步）
繁殖季节到了，跳过一条寂静的土路，来到一片水域，找到了我心仪的对象，成功繁殖了下一代 （直接到终点）	我们是生活在森林里的蛙类，落叶很多，环境潮湿，食物也充足，每天都可以大饱口福 （向前走 2 步）
跳过一块草比较少的地方，差点被一只大鸟发现，我及时跳进水里，躲过一劫 （双手抱膝颤抖 20 下，往前走 1 步）	我们是生活在溪流边上的中国林蛙，落叶很多，环境潮湿，食物也充足，每天都可以大饱口福 （向前走 2 步）
糟糕，最近一种传染病开始蔓延了，好多蛙和蟾蜍都被感染后去世，很幸运我们是少数的幸存者 （后退 3 步）	我们是生活在流水里面的西藏齿突蟾，躲在溪流的石头下很安全，不会被人发现 （向前走 1 步）
吃虫我最拿手，每年能消灭掉上万只虫，还是要为保持生态平衡做贡献嘛 （前进 1 步）	天太热了，为了减少水分蒸发，晚上才出门找吃的吧 （前进 1 步）

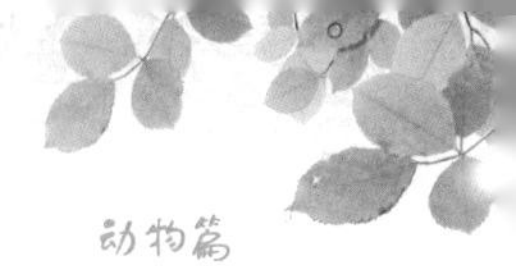

附件 2

蛙类"路杀"现状调查和解决措施

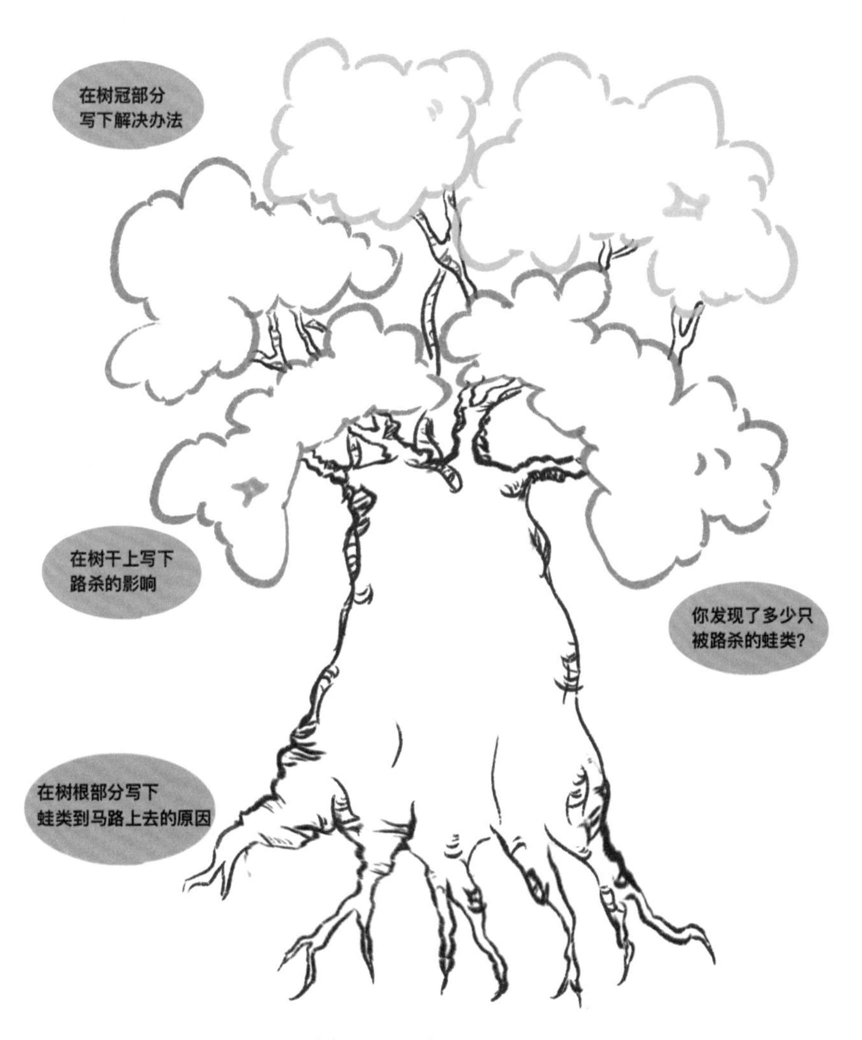

问题树（绘图：杨利）

对话保护工作者

课程目标

知识方面：

（1）清楚地理解一线保护工作的任务和责任。

（2）对生态保护的价值有更清晰的认识。

（3）（作为一种和未来职业相关的学习）增加青少年对工作世界的了解。

（4）初步理解我国的自然保护历程。

态度和情感方面：

通过榜样的力量，积极地影响青少年对生态保育基层事业的看法和态度。

技能方面：

（1）提升访问技能——通过询问他人来了解保护事业是如何运作的。

（2）学会聆听和接纳不同的声音和观点，并从中找到自己的立场。

时长：建议留足时间做更充分的准备工作，比如至少有半天时间做准备。

适合年龄段：4 年级以上。

场地要求：按照实际需要。

适合人数：按照实际需要。

材料准备：大白纸和记录笔（粗体），每组一张。

背景信息

王朗保护区正式获批成立于 1965 年，是全国最早建立的 14 个自然保护区之一，也是最早成立的四个大熊猫保护区之一。“最早”这一烙印显示了保护区从零开始探索的艰辛历程，见证了伐木转为保护；从简单的看

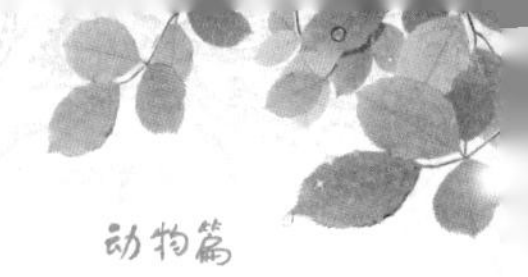

山护林到科研支持管理和保护；从单纯发布禁令到积极推动社区经济和教育发展……王朗一直在进行着开创性的探索，可以说王朗的发展也是中国自然保护史一个缩影。了解保护区的发展史，能听到许多不同的观点，将有助于培养青少年的辩证思维，对事件的发展有更清晰的认识。

保护区就是生态保护的前沿阵地，一线保护工作者身兼重任，但由于地处深山，公众对保护区或者保护工作者的了解都很有限，保护事业需要公众的支持，如果能和保护工作者有深度对话，这不仅能让青少年了解保护工作，还是对青少年的一次职业教育。职业教育给青少年提供一个接触工作世界的机会，开拓眼界；保护工作者也同时是保护行业的榜样，这可能会提升感兴趣的青少年未来的学习动机。当然采访成年人本身也是对青少年规划、收集和整理信息、语言表达等能力的锻炼。

教学步骤

1. 分组。分小组进行也是非常有必要的，至少要 3 人一组。一 人负责采访、一人记录、一人负责录音，如果不具备录音设备，最后一个人负责协助采访人补充遗漏问题，也同时记录关键信息，以便总结的时候补充记录人遗漏的信息。

2. 访谈目的。访谈之前组织参与者做一次头脑风暴，讨论：与保护工作者深度对话，大家最想知道哪些事情？将头脑风暴所有的点子都记录在大白纸上，分类归纳，形成主题集中的访谈目标。

3. 根据目标和头脑风暴的点子，准备访谈问题的具体问题。

4. 练习访谈。让参与者找成年引导者和同伴模拟访谈。模拟访谈有以下内容。

（1）可以帮助参与者将问题修改得更加合理。

（2）可以帮助参与者理顺语言。

（3）可以帮助参与者减缓紧张情绪。

5. 在访谈之前，引导者根据需要，提前联络好被访谈者，这样会让事情进展更顺利。

6. 访谈结束后，带领每个小组整理自己收集到的资料。建议参与者用多种形式呈现自己的访谈结果，例如：手绘图，历史大记事图，戏剧或者手偶剧，短视频（需提前策划），等等。

7. 和参与者谈一谈他们采访后的收获和感想，建议营造一个温暖的氛围，鼓励大家写下自己的感受。

教学评估

教学步骤 6 和 7 的产出可作为评估数据。

成为森林旅游友好使者

课程目标

情感方面：

（1）加深森林和动物与自己的连接。

（2）对森林和动物的保护更有认同感。

行动方面：

更坚定的成为“森林旅游友好行为”的实践者。

时长：建议留足时间做更充分的准备工作。

适合年龄段：3 年级以上。

场地要求：按照实际需要。

适合人数：按照实际需要。

背景信息

本指导手册中包含的活动方案，组织方根据每次的主题，选择不同的活动组合，但建议每个主题最好在结束的时候都应该有一个环节引导参与者对森林或动物保护采取有效的实际行动。当参与者加入到一个集体行动中，彼此相互鼓舞，获得身份的认同感。这里主要强调保护环境的身份认同感，进而在将来更愿意加入到物种和环境的保护计划之中。

教学步骤

1. 本指导手册中部分课程涉及到了“森林旅游友好行为”的讨论，如：“大熊猫适合生活在哪里”“消失了的栖息地”“生存的空间”等课程，引导者在带领参与者进行充分的讨论。在此基础上，组织讨论：作为一名森林旅游

友好使者行动前的圆桌会议

友好使者（志愿者），如何有效地让更多的公众共同参与到“友好使者行动”计划中。

2. 在组织这样的讨论环节时，要注意锁定目标人群，参与者可能只想回到自己的班级进行一次分享会；也有可能在全校发动一次活动；也或直接针对游客进行。不同的目标人群，采用不同的方式进行。引导者可根据具体情况提供相应的协助，但尽可能鼓励孩子们制订自己的志愿者计划。

3. 志愿者计划呈现方式是多样的，例如：一场主题明确的话剧、制作宣传海报、直接面向游客做宣传活动……进行头脑风暴，调动参与者的创造性和积极性。

4. 在结束志愿者行动后，如果有条件，让参与者总结本次行动的得失，并规划下一次行动。这对于青少年参与者很重要，他们在这一过程中学会了发现问题、提出解决问题的方案、采取行动。同时也让一次活动转变成更有影响力和具有持续性的行动。

特别篇

与鸟初识

课程目标

知识方面：

（1）知道鸟的部分身体结构。

（2）知道鸟类辨别的基本要素——羽色纹路、大小和形态。

情感和态度方面：

增加参与者对鸟类的兴趣。

技能方面：

（1）提升青少年的语言表达能力。

（2）提升青少年辨别鸟类的基本技能。

时长：60分钟。

适合年龄段：适用于8—14岁的初次观鸟者。

场地要求：无要求。

适合人数：4 ~ 15人。

关键词：羽色纹路、大小和形态、身体结构名称。

材料准备：

（1）每组一张鸟的身体结构图（见附件1）。

（2）《我们一样吗》图片，每小组一组图片（见附件3）。

背景信息

康奈尔实验室录制的关于鸟类辨别视频中归纳了4个关联的基本要素，即：大小和形态、羽色纹路、行为和栖息地。观鸟的过程就是在不断熟悉每一种鸟的这4个基本要素内涵。

初学观鸟者首先可以从认识鸟类基本身体结构开始，尤其是结合鸟的羽色纹路和大小形态时，能准确的描述出部分身体结构的明显特征，就能帮助初学观鸟者查找工具书，辨认鸟的种类。

许多的鸟儿们犹如精灵般快速穿梭自然中，或者隐匿于环境之中，有时候即使发现它们，还没等看清楚，它们就很快地离开了。这时候，如果能熟悉不同鸟类的身体某些部分的颜色概况和突出的羽色纹路特征，就可以帮助观鸟者的眼睛快速“抓”住鸟儿。例如：白顶溪鸲的头顶的白色，犹如一顶白礼帽般显眼，整个身体颜色概况则是明显的黑色和栗色。

事实上，在实际带领参与者入门观鸟并不是一件容易的事情，尤其对于不确定是否有观鸟兴趣的参与者来说，直接带领他们去自然中寻找鸟类，经历几次无法看清楚鸟，或者无从下手观察的时候，很快就失去了热情。本课的游戏主要用于正式进入观鸟环节之前，引导初学观鸟者初步理解观鸟基本技能——羽色纹路和大小形态，激发参与者的兴趣。

教学步骤

1. 认识鸟的身体基本结构。

（1）将参与者分成 2 人一组，每组分发一份《鸟类身体结构》卡片，让参与者仔细观察图片上鸟类身体结构的名称。2 分钟后，收回所有的卡片。

（2）向大家提问：鸟类身体结构中哪些部位的名称跟我们（人类）相同？哪些名称是人类没有的？

（3）再次返回卡片，检查自己没有记住的部位名称。

2. 这些鸟类一样吗？通过图片对比，带领参与者体验如何通过羽色特征、体型大小来辨别不同种类的鸟类。

（1）给每个小组分发一组外形相似，或同种但雌雄性有差异的 2 只鸟，可参考本文附件图片对照鸟类身体结构卡，根据卡片上的提示线索，找出图片上两种鸟类的羽色纹路或体型大小区别，并用语言描述出来。

（2）老师邀请每组参与者分享自己手里的两种鸟的不同点。在描述过程中要求能明确说出鸟类身体结构的名称。老师可以根据资料包里教师页的建议信息引导参与者讨论。

（3）小结。通过比较，教师可以引导参与者总结出辨识鸟类的两个元素。

3. 总结。羽色纹路和体态大小对于辨识鸟类是非常重要的因素。参与者只要多加练习，多到大自然中观察鸟类，就能提升辨别鸟的技能。

教学评估

在课程总结环节，看学生是否能讲述观鸟的基本要素。

附件 1

鸟类结构图

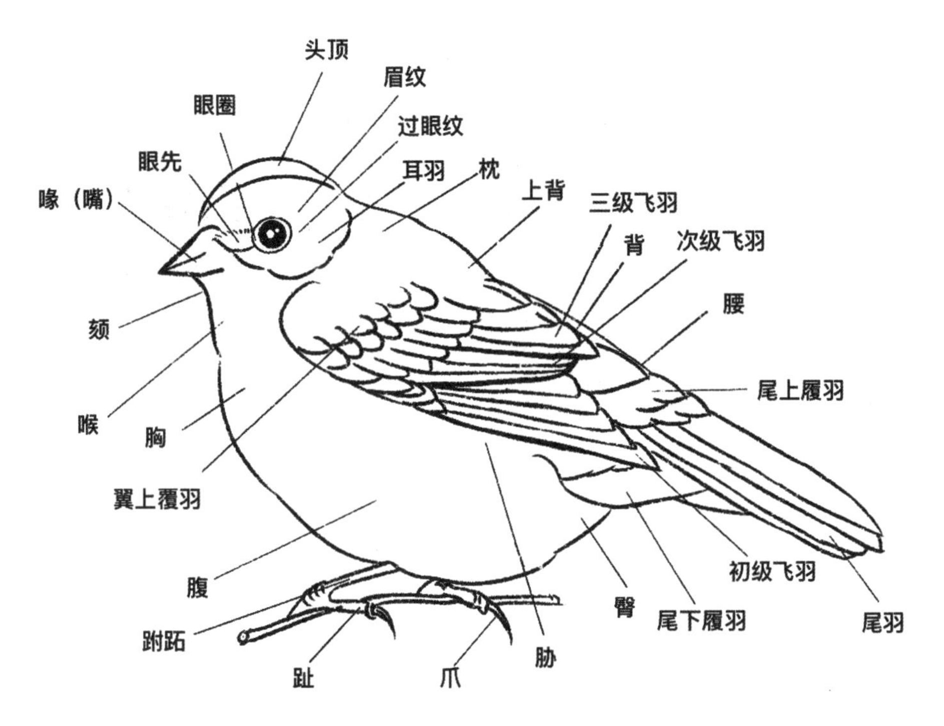

鸟的身体形态图（绘图：杨利）

附件 2

我们一样吗？（教师版本）

组 1　白顶溪鸲和北红尾鸲

北红尾鸲（摄影：李明）

白顶溪鸲（摄影：沈尤）

观察线索：

1. 从两种鸟的身体颜色概况上看，它们的相同点是什么？

——这两种鸟身体都具有黑色和栗色。

2. 不同之处：描述出每一种鸟身体哪个部位最明显的羽色特征是什么？

——这两种鸟都具有自己较为显著的羽色纹路。白顶溪鸲头顶及颈背白色，北红尾鸲具明显而宽大的白色翼斑。

组 2　绿头鸭雌性和雄性

绿头鸭雌性（摄影：罗成均）

绿头鸭雄性（摄影：李明）

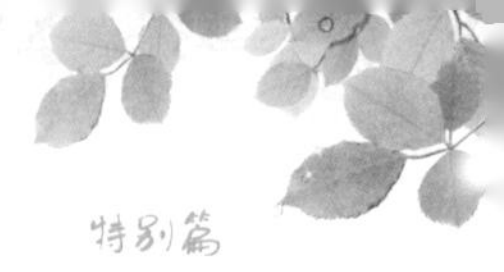

观察线索：

1. 这两种鸟非常明显的羽色区别是什么？

——绿头鸭雄性的头及颈在繁殖季节呈现绿色带光泽，并具有白色颈环。而雌性一直都呈褐色。

2. 能找到它们有相同的比较突出的颜色特征部位吗？

——雌性和雄性翼上有紫蓝色翼镜。

组 3　白鹭和大白鹭

白鹭（摄影：李明）

大白鹭（摄影：大羊）

观察线索：

1. 两种鸟相同点是什么？

——身体的羽色都是白色的，两只鸟儿看起来都有长长的喙、腿和脖子，它们都在水边活动。

2. 找一找它们比较突出的不同点

——体型：白鹭体长大概 60cm，大白鹭将近 100cm。

体色：白鹭的喙是黑色的，脚趾是黄色的，而大白鹭正好相反，喙是黄色的脚趾是黑色的。

繁殖羽：繁殖期的白鹭枕部有两根长长的辫子，大白鹭没有。

组 4　乌鸫和八哥

乌鸫（摄影：李明）

八哥（摄影：李明）

1. 从两种鸟的身体颜色概况上看，它们的相同点是什么？

——这两种鸟身体羽色都是黑色的。

2. 不同之处：描述出两种鸟身体哪个部位最明显的差异是什么？

——八哥的额上有非常明显的冠羽，这是乌鸫所不具备的特征；乌鸫瞳孔比例较大，雄鸟喙是橘黄色，八哥瞳孔相对较小，喙颜色较浅。

组 5　喜鹊和鹊鸲

喜鹊（摄影：李明）

鹊鸲（摄影：李明）

1. 从两种鸟的身体颜色概况上看，它们的相同点是什么？

——这两种鸟身体羽色都具有黑色和白色，它们的羽毛泛金属光泽。在阳光下喜鹊的飞羽和尾羽闪蓝、绿色光泽，鹊鸲的头、胸及背呈辉蓝色。

2. 不同之处：描述出两种鸟最明显的差异是什么？

——体型：鹊鸲体长 20cm 左右，喜鹊的体长超过鹊鸲的两倍。

组 6　红胁蓝尾鸲和蓝眉林鸲

红胁蓝尾鸲（摄影：李明）

蓝眉林鸲（摄影：沈尤）

1. 从两种鸟的身体颜色概况上看，它们的相同点是什么？

——这两种鸟头部、背部的羽色都是蓝色的，两胁都是橘黄色。

2. 不同之处：描述出两种鸟身体哪个部位最明显的差异是什么？

——红胁蓝尾鸲的眉羽是白色的，蓝眉林鸲为蓝色。

附件 3

我们一样吗？

观察线索：

1. 从两种鸟的身体颜色概况上看，它们的相同点是什么？

2. 不同之处：描述出每一种鸟身体哪个部位最明显的羽色特征是什么？

观察线索：

1. 这两种鸟非常明显的羽色区别是什么？

2. 能找到它们有相同的比较突出的颜色特征部位吗？

观察线索：

1. 两种鸟相同点是什么？

2. 找一找它们比较突出的不同点。

观察线索：

1. 从两种鸟的身体颜色概况上看，它们的相同点是什么？

2. 不同之处：描述出两种鸟身体哪个部位最明显的差异是什么？

观察线索：

1. 从两种鸟的身体颜色概况上看，它们的相同点是什么？

2. 不同之处：描述出两种鸟最明显的差异是什么？

观察线索：

1. 从两种鸟的身体颜色概况上看，它们的相同点是什么？

2. 不同之处：描述出两种鸟身体哪个部位最明显的差异是什么？

恰到好处的身体结构

课程目标

知识方面：

（1）能描述鸟类身体结构特征。

（2）理解鸟类的身体特征与生存环境是相互适应的。

情感和态度方面：

增加参与者对鸟类的关注度。

技能方面：

提升团队合作能力和社交技能。

时长：40分钟（根据人数不同，时间有所不同）。

适合年龄段：8—14岁。

场地要求：宽敞适合奔跑无障碍物的场地。

适合人数：4～16人。

材料和工作准备：

（1）猫头鹰队和乌鸦队的标志。

（2）在活动之前提前画定范围。

（3）猫头鹰和乌鸦问题集（教师版一份）。

（4）猫头鹰和乌鸦问题集（学生版，如有需要每人一份）。

背景信息

鸟类作为脊椎动物大家庭中的一员，许多科学家都赞同鸟类的祖先是早期的爬行动物。的确鸟类与爬行动物有着相同之处，例如：都是卵生。它们和哺乳动物也有相同之处，例如：都是恒温动物。不过鸟类也有自己独特的身体特征，这是为了更好地适应它们所生活的环境而在进化过程中保留下来的特征。

本课设计了奔跑的游戏适合激起年轻的参与者对这一话题的兴趣，并能在游戏活动结束后带领参与者进行更详细的讨论。

教学步骤

1.“猫头鹰和乌鸦”游戏。

（1）为什么是“猫头鹰和乌鸦”？大多数猫头鹰都在夜间活动，而乌鸦通常在白天活动，这两类鸟的战争长久以来就存在。白天只要乌鸦找到猫头鹰，就会去围攻它，而夜晚猫头鹰只要发现乌鸦，就会吃掉它。有人甚至说：如果你想找猫头鹰，那就听聒噪的乌鸦在哪里打群架吧。

（2）游戏规则。

- 将参与者分成两个组，一个是乌鸦组，一个是猫头鹰组。乌鸦组的代号为“是”，猫头鹰组的代号是“否”。
- 两个队中间划定一条“楚汉”分界线，为参与者的安全起见，距离大约为2.5米宽。距离楚汉分界线5米左右的距离，各有一条大本营线，即跨过大本营就算回巢。
- 老师将会出一些题给所有的人，如果题目的答案是肯定的，也就是“是”，就由乌鸦追猫头鹰，如果答案是否定的，也就是“否”，就由猫头鹰追乌鸦。当被追的一方回到大本营后，就不能再被追。
- 当老师读完问题，并数到5说“开始”，才可以行动，这也是给大家思考的时间。被拍到的参与者的就归对方阵营。
- 特别强调，本活动为保证安全，不能推、抓别人。如果有违反规则，则取消一次参与活动的机会，情况严重者取消参与所有活动的权力。

（3）问题清单见本教案附件1。

（4）特别提醒，为帮助参与者理解游戏规则，在游戏正式开始前举几个简单易懂的例子试玩一下。

2. 和参与者一起讨论问题清单

（1）羽毛是鸟类特有的特征，所有鸟类都有羽毛——这是它们区别于其他动物的最大特征。即便是会游泳的企鹅，也是长有羽毛的鸟。

（2）正如人类一样，鸟类也是有膝盖的，但鸟类的腿部结构可能是很多人都不知道的。鸟类的膝盖通常在腿部羽毛覆盖之上的，平时我们见到的鸟

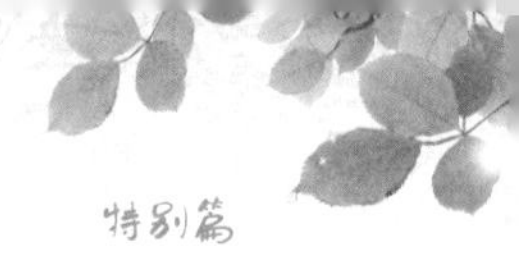

类裸露的腿部突起的关节其实是鸟类的脚后跟。参见附件3。

（3）世界上绝大部分鸟类是有翅膀的，只有新西兰的几维鸟没有翅膀。翅膀可能是鸟类起源的时候，爬行动物的前肢进化而来。翅膀对于鸟类来说非常重要。大部分鸟类的翅膀帮助它们遨游在天空。水里畅游的企鹅的翅膀起到了船桨的作用，鸵鸟的翅膀在它们奔跑的时候起到平衡和助推的作用。

（4）鸟是有耳朵的，大多数鸟的耳朵通常不容易看到，以至于很长一段时间科学家们都没有关注过鸟是否有耳朵，直到20世纪40年代。这是因为它们的小耳洞掩盖在耳羽下面，没有耳廓和外耳道，只有中耳和内耳结构。大多数鸟类的听觉跟我们人类相似，但有些夜行性鸟类的听觉还能帮助他们导航和追捕猎物。

（5）鸟是没有汗腺的，因此它们不流汗。它们在天热的时候会像狗狗一样，张大嘴喘气，加快呼吸频率，加速空气进入身体内部，带走身体的热量；找个阴凉处躲避太阳也是一个不错的散热方法。鸟类身体裸露部分也能帮它们有效的散热，例如：裸露在外的腿部和脚部。

（6）现代鸟类是没有真正的牙齿的，这样可以减轻身体体重，适应飞行。鸟类有砂囊（鸟的肌胃），尤其是对于吃谷物等坚硬食物的鸟类，砂囊有坚韧耐磨的角质层，还会储存着小石子或者细沙，帮助鸟儿磨碎食物，起到牙齿的作用。

（7）鸟类有舌头。有的鸟类舌头很短。有的鸟类舌头很长，可以帮助鸟类处理食物，例如：啄木鸟长长的舌头用于“揪”出虫子。

（8）大部分的鸟每只脚都是四个脚趾，有的有三根，鸵鸟两个脚趾。

（9）通常鸟会每年都会换羽毛。因为被磨损或者变脏的鸟羽，会在保暖、吸引异性、觅食、飞行等方面都带来负面影响，最终甚至可能威胁到鸟的生存，而换过的羽毛更鲜艳、更健康。

3. 总结。

如自然中所有生命的规律一样，鸟类在进化过程中也完美地进化出适应飞行，适应食物，适应生活环境的身体条件。

教学评估

请参与者在猫头鹰和乌鸦问题集（学生版）上标记猫头鹰和乌鸦相互追逐的标记，看是否答案正确。

附件 1

猫头鹰和乌鸦游戏问题集（教师用）

1. 所有鸟类都有羽毛。	（是，乌鸦追猫头鹰）
2. 鸟类都有膝盖。	（是，乌鸦追猫头鹰）
3. 企鹅只会游泳，因此不是鸟类。	（否，猫头鹰追乌鸦）
4. 鸟类都有翅膀。	（否，猫头鹰追乌鸦）
5. 鸟是有耳朵的。	（是，乌鸦追猫头鹰）
6. 天热鸟类也会出汗。	（否，猫头鹰追乌鸦）
7. 鸟类没有牙齿。	（是，乌鸦追猫头鹰）
8. 有的鸟儿没有舌头。	（否，猫头鹰追乌鸦）
9. 所有鸟每只脚都有四根脚趾。	（否，猫头鹰追乌鸦）
10. 鸟的羽毛每年都会换。	（是，乌鸦追猫头鹰）
11. 所有鸟儿都有两只脚。	（是，乌鸦追猫头鹰）
12. 家养的鸡和鸭不会飞，不算作鸟类。	（否，猫头鹰追乌鸦）

附件 2

猫头鹰和乌鸦游戏问题集

1. 所有鸟类都有羽毛	2. 鸟类都有膝盖	3. 企鹅只会游泳，因此不是鸟类
4. 鸟类都有翅膀	5. 鸟类有耳朵的	6. 天热鸟类也会出汗
7. 鸟类没有牙齿	8. 有的鸟儿没有舌头	9. 所有鸟每只脚都有四根脚趾
10. 鸟的羽毛每年都会换	11. 所有鸟儿都是两只脚	12. 家养的鸡和鸭不会飞，不能算作鸟类

附件 3

鸟类腿部结构图

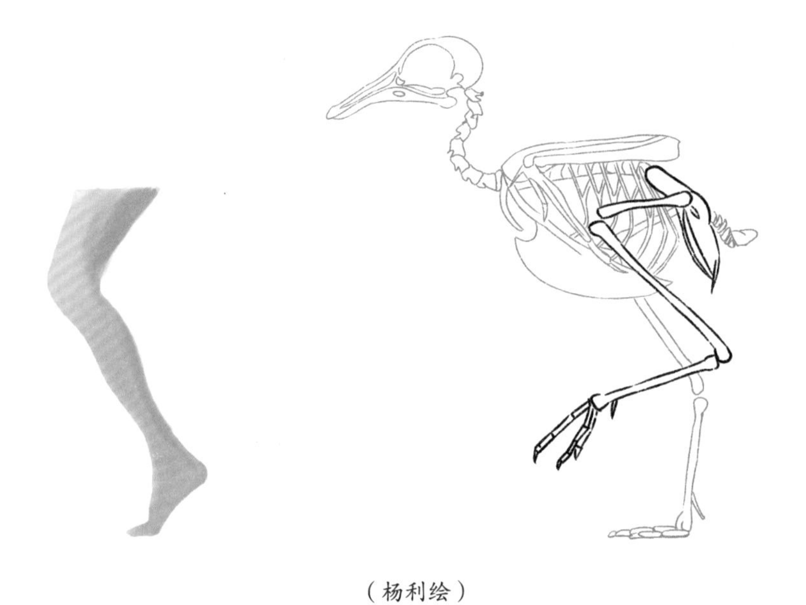

（杨利绘）

做出正确的选择

课程目标

知识方面：

（1）知道鸟是具备认知能力的。

（2）鹦鹉具备通过学习解决问题的能力。

（3）初步理解认知能力可能是动物选择配偶的标准之一。

（4）初步感知科学研究的思维方式和方法。

情感和态度方面：

（1）提升参与者对鸟类的关注和兴趣度。

（2）激发参与者对动物行为学研究的兴趣。

技能方面：

提升参与者的科学思维方式。

时长：40 分钟。

适合年龄段：10 岁以上。

场地要求：室内或者室外，一个可以讨论的空间即可。

适合人数：4 人以上。

材料准备：

（1）鲁班盒（或者其他需要经过培训才能打的益智玩具）每组 2 个。

（2）鹦鹉要吃的种子，如瓜子、花生，以及盛食物的容器 2 个。

背景信息：

2019 年中国科学院动物研究所的陈嘉妮博士及团队的研究成果《具备解决问题能力的雄性虎皮鹦鹉更吸引雌性虎皮鹦鹉》，这个历经 4 年的研究行成文章发表在权威科学杂志《Science》上。作者在文中阐述：达尔文提出性选择可能有助于认知能力的进化。该研究团队在实验室环境下论证：认知能力高的雄性个体是否能更吸引雌性。

实验团队选择了原产于澳大利亚的虎皮鹦鹉，这是一种实现稳定的人工繁殖的鸟，社会性较高，并已经被论证了是智商较高的鸟类，虎皮鹦鹉的主要食物为植物种子。虎皮鹦鹉双亲共同育幼，雌性虎皮鹦鹉在孵卵期和育雏期要依赖于配偶为自己和孩子们提供食物。实验共有 9 只雌性鹦鹉，2 只羽色及外形差距不太大的雄性鹦鹉。实验的第一阶段科研人员首先让雌性虎皮鹦鹉在 A、B 两个雄性中选择自己更喜欢的配偶，可视作 A。第二阶段，研究人员给落选的一只（视作 B）特殊的取食技能培训，A 保持原样；再让雌性做出选择，实验结果是大多数雌性重新选择了 B 作为配偶。实验人员为了排除食物对雌性鹦鹉的吸引，因此在实验的第一阶段基础上，单纯的给 B 提供额外的食物（资源），结果显示大多数雌性鹦鹉还是选择了 A。这就进一步说明了食物本身不会影响雌鸟的选择，“特殊技能”是有影响的。实验人员还设置了另外一个对照实验，即：将上述实验中的雄性换成为雌性鹦鹉，最后证明大多数鹦鹉在选择“闺蜜”的时候并没有太多考虑特殊取食技能这一条件。

教学步骤

1. 将所有参与者分为 3 组，其中一组扮演雌性虎皮鹦鹉，另外两组扮演不同的雄性虎皮鹦鹉 A 和 B。

2. 第一轮给两队雄性虎皮鹦鹉相同的食物。让雌性虎皮鹦鹉在 A 和 B 中选择自己喜欢的配偶，被视作 A，并作为一只鹦鹉陈述理由。为活跃氛围，建议让雄性虎皮鹦鹉组的参与者想象并作出吸引雌性注意的行为。

3. 第二轮对照实验，给落选的雄性 B 食物，而 A 没有食物。再次让雌性虎皮鹦鹉做出选择。让所有的参与者都想想：作为一只鹦鹉是否会做出改变。

4. 第三轮，实验人员带走第一轮落选的雄性 B，并进行特殊的取食技能培训，即：用装了食物的鲁班盒作为道具。B 经过培训后能迅速打开盒子。

5. 带回鹦鹉 B。让 A、B 同时打开道具盒。经过培训的 B 很快打开了盒子。

询问雌性鹦鹉组，作为一只鹦鹉是否会改变自己最初的选择?

6. 公布答案，看看参与者的选择跟真实实验的结论是否一致。在真实的实验环境中，大部分的雌性虎皮鹦鹉第三轮是做出了改变的，选择了B。这是因为雌性和雄性虎皮鹦鹉都要参与繁殖后代，通常是雄性负责提供食物，雌性负责孵化和育雏。雌性虎皮鹦鹉如果选择了具备更好取食能力的雄性，则后代生存几率就会更大。

7. 科学是严谨的，科学家为了验证雌鸟最终选择了具备特殊技能的雄性鹦鹉可能是因为喜欢跟这个鹦鹉做朋友，因此设置了对照试验2，让雌性虎皮鹦鹉选择“闺蜜”。让参与者讨论，同样的实验过程，虎皮鹦鹉是否会做出改变，选择具备特殊技能的鹦鹉做朋友？答案是大多数鸟儿没有选择改变，即证明选择闺蜜的时候，取食技能的影响不大。

8. 带着参与者讨论：从这个实验中得出了哪些结论？在讨论的过程中引导参与者从以下几个方向思考。

（1）鹦鹉通过培训是可以获得新技能的，说明它们具备学习能力。

（2）鹦鹉选择具备特殊技能的配偶，是因为它们认为这些具备特殊技能的雄性的认知能力要更强，它们的后代也会遗传到更强的认知能力。

（3）你从这个模拟实验中有没有发现要进行一个科学实验应该考虑哪些因素和步骤？这里希望引导参与者在进行科学实验的时候思考各种因素对实验结果的影响，并进行对照实验。科学实验是一个发现和探索的过程，科研人员们通常会就一个现象提出自己的假设，再去验证假设。

（4）你觉得这个实验有什么没考虑到的影响因素吗？在实验过程中并不是所有的鹦鹉都做出了改变，同时这个实验是在人工控制下进行的，到目前还没有野外数据可以验证。科学实验就是这样一个结论一个结论的基础上总结和提升的，这些实验帮助我们去认识大自然，但人类对大自然的认识还非常的局限，期待大家未来有兴趣去发现自然，推动人类对自然的认识。

教学评估

1. 本课评估方式是通过观察上述讨论环节，评判参与者是否能理解到：（1）鹦鹉具备学习能力。（2）鹦鹉会做出改变自己选择的行为。

2. 评估问卷的的方式，只进行课后评估，见附件。

参考资料和扩展阅读

Jiani Chen, et al. *problem-sdving males become more attractive to female budgerigars*［J］. Science（IF56.9）, Pub date: 2019-01-10. DoI: 10.1126/science.aau8181

附件 1

《做出正确的选择》课后评估问卷

参与者姓名：________ 性别：________ 年龄：________

以下选项，请根据实际情况填写程度

0 为最低程度 1 有一点 2 一般 3 比较高 4 高 5 非常高

1. 你有多大程度赞同：鹦鹉能通过后期学习获得新技能。

参加课程前 0 1 2 3 4 5

参加课程后 0 1 2 3 4 5

2. 你有多大程度赞同：鹦鹉具备认知能力，能做出不同的决定。

参加课程前 0 1 2 3 4 5

参加课程后 0 1 2 3 4 5

3. 你对鸟的喜爱和关注程度

参加课程前 0 1 2 3 4 5

参加课程后 0 1 2 3 4 5

4. 你对鸟类的科学研究的兴趣程度

参加课程前 0 1 2 3 4 5

参加课程后 0 1 2 3 4 5